Mansour Adéoti

Conception et Modélisation de l'évaluation en santé en Afrique

Mansour Adéoti

Conception et Modélisation de l'évaluation en santé en Afrique

Évaluation des Laboratoires de Biochimie Médicale des CHU d'Abidjan

Presses Académiques Francophones

Impressum / Mentions légales
Bibliografische Information der Deutschen Nationalbibliothek: Die Deutsche Nationalbibliothek verzeichnet diese Publikation in der Deutschen Nationalbibliografie; detaillierte bibliografische Daten sind im Internet über http://dnb.d-nb.de abrufbar.
Alle in diesem Buch genannten Marken und Produktnamen unterliegen warenzeichen-, marken- oder patentrechtlichem Schutz bzw. sind Warenzeichen oder eingetragene Warenzeichen der jeweiligen Inhaber. Die Wiedergabe von Marken, Produktnamen, Gebrauchsnamen, Handelsnamen, Warenbezeichnungen u.s.w. in diesem Werk berechtigt auch ohne besondere Kennzeichnung nicht zu der Annahme, dass solche Namen im Sinne der Warenzeichen- und Markenschutzgesetzgebung als frei zu betrachten wären und daher von jedermann benutzt werden dürften.

Information bibliographique publiée par la Deutsche Nationalbibliothek: La Deutsche Nationalbibliothek inscrit cette publication à la Deutsche Nationalbibliografie; des données bibliographiques détaillées sont disponibles sur internet à l'adresse http://dnb.d-nb.de.
Toutes marques et noms de produits mentionnés dans ce livre demeurent sous la protection des marques, des marques déposées et des brevets, et sont des marques ou des marques déposées de leurs détenteurs respectifs. L'utilisation des marques, noms de produits, noms communs, noms commerciaux, descriptions de produits, etc, même sans qu'ils soient mentionnés de façon particulière dans ce livre ne signifie en aucune façon que ces noms peuvent être utilisés sans restriction à l'égard de la législation pour la protection des marques et des marques déposées et pourraient donc être utilisés par quiconque.

Coverbild / Photo de couverture: www.ingimage.com

Verlag / Editeur:
Presses Académiques Francophones
ist ein Imprint der / est une marque déposée de
AV Akademikerverlag GmbH & Co. KG
Heinrich-Böcking-Str. 6-8, 66121 Saarbrücken, Deutschland / Allemagne
Email: info@presses-academiques.com

Herstellung: siehe letzte Seite /
Impression: voir la dernière page
ISBN: 978-3-8381-7231-6

REPUBLIQUE DE COTE D'IVOIRE

Université de Cocody

UFR DES SCIENCES MEDICALES

Année 2005-2006

THESE UNIQUE DE L'UNIVERSITE DE COCODY EN BIOLOGIE HUMAINE TROPICALE

OPTION CHIMIE CLINIQUE

CONCEPTION ET MODELISATION D'UNE UNITE D'EVALUATION EN SANTE ET D'ASSURANCE QUALITE (UESAQ) : EVALUATION DES LABORATOIRES DE BIOCHIMIE MEDICALE DES CHU D'ABIDJAN

PRESENTE LE VENDERDI 08 JUILLET 2005

PAR Dr ADEOTI MANSOUR

MAITRE ASSISTANT

MEMBRES DU JURY

PRESIDENT : Pr DOSSO MIREILLE CARMEN

DIRECTEUR : Pr SESS ESSIAGNE DANIEL
ASSESSEURS : Pr BAKAYOKO LY- RAMATA
: Pr KOUASSI DINAR
: Pr DIAFOUKA FRANCOIS

1

A NOS MAITRES ET JUGES

A NOTRE MAITRE ET DIRECTEUR DE THESE

Monsieur le Professeur SESS ESSIAGNE DANIEL

-Professeur titulaire de Biochimie médicale

-Titulaire de CES de Biochimie structurale et métabolique

-Titulaire de CES de médecine préventive, santé publique et hygiène

-Titulaire du CES d'endocrinologie, des maladies métaboliques et nutrition

-DIS de Biochimie médicale et de biologie clinique

-Chef du département de Biochimie médicale de la faculté de médecine de l'université de Cocody –Abidjan

-Directeur du DEA de biologie humaine tropicale de la faculté de médecine d'Abidjan

-Directeur de l'Institut national de la santé publique

Après nous avoir orientés vers l'étude des sciences de la qualité dans le domaine de la santé, vous avez inspiré ce travail dont vous avez suivi l'évolution avec beaucoup de disponibilité.

Vous vous êtes personnellement engagé dans ce travail en conduisant sur le terrain des actions concrètes en faveur du développement d'une politique de promotion de l'évaluation et de la qualité dans le domaine de la santé en Côte d'Ivoire et dans la sous-région.

Vous avez été pour nous modèle et un guide qui a su nous apporter l'assurance et les encouragements au moment où cela était nécessaire.

Veuillez trouver ici, le témoignage de notre profonde reconnaissance et de notre estime.

A NOTRE MAITRE ET PRESIDENT DU JURY

Madame le Professeur DOSSO MIREILLE CARMEN

-Professeur titulaire de bactériologie- virologie

-Chef du département de bactériologie- virologie de la faculté de médecine de l'université de Cocody –Abidjan,

-Titulaire du CES de bactériologie- virologie

- Titulaire de CES de Biochimie structurale et métabolique

-Chef du laboratoire central du CHU de Yopougon

-Directeur de l'Institut Pasteur de Côte d'Ivoire

Je voudrais vous remercier infiniment pour les conseils et appuis, que vous avez apporté dans la conduite de certaines études réalisées dans le cadre de cette thèse au laboratoire central du CHU de Yopougon.

Ce travail nous a permis de nous rendre compte de vos immenses qualités aussi bien intellectuelles qu'humaines, car vous n'avez ménagé aucun effort pour vous mettre à notre disposition chaque fois que cela s'est avéré nécessaire.

Votre rigueur scientifique, votre engagement dans la promotion du développement de la qualité en santé, et votre esprit communicatif, font de vous une femme de science exemplaire.

Veuillez accepter ici, l'expression de notre infinie gratitude et de notre profond respect.

.

4

A NOTRE MAITRE ET JUGE

Monsieur le Professeur DIAFOUKA FRANCOIS

- Maître de conférence des universités françaises (sciences biologiques)

-Lauréat au Concours national de praticien hospitalier

-Maître de conférence chargé d'enseignement de Biochimie- biologie de la reproduction à la faculté de pharmacie

-Biologiste des hôpitaux

-Diplômé d'andrologie de la faculté de Montpellier

-Membre de la société française de biologie clinique

-Vice -Doyen de l'UFR des sciences pharmaceutiques et biologiques de l'université de Cocody

Malgré vos nombreuses obligations, vous nous avez fait le grand honneur d'accepter sans hésitation de participer au jury de cette thèse.

Nous avons été très impressionnés par votre grand intérêt pour tout ce qui touche à la recherche de la qualité dans le secteur de laboratoires de biologie médicale,

Toujours ouvert, accueillant et de bons conseils, votre disponibilité constante nous force à vous devoir une grande admiration.

Acceptez nos sincères remerciements et notre infinie reconnaissance.

SOMMAIRE

LISTE DES ABREVIATIONS

ADN	: Adénosine nucléotide
ADPCM	: Analyse des points critiques pour leur maîtrise
AFNOR	: Association Française de Normalisation
AFP	: Alpha-foetoprotéine
ANAES	: Agence Nationale d'Accréditation et d'évaluation en santé
ANDEM	: Agence Nationale pour le Développement de l'Evaluation Médicale
AMDEC	: Analyse des modes de défaillance, de leurs effets et de leur criticité
CA	: Conseil d'Administration
CBO	: Organisation nationale pour la qualité des soins Hospitaliers aux Pays-Bas
CEAP	: Clinical Efficiency Assessment Project of the American College of Physicians
CEDIT	: Comité d'évaluation et de la Diffusion des Innovations Technologiques
CHCT	: Council on Health Care Technology
CHU	: Centre Hospitalier Universitaire
CMC	: Conseil Médical Consultatif
CSSC	: Commission du Service de Soins Infirmiers
CV	: Coefficient de Variation
DIM	: Département d'Information Médicale
FT3	: Fraction libre de la Tri-iodothyronine
FT4	: Fraction libre de la Tétra-iodothyronine
GBEA	: Guide de Bonne Exécution des Analyses de laboratoire
GFI	: Groupe Formateurs Internes
HAS	: Haute autorité de la Santé
HD	: Patients Insuffisants rénaux sous Hémodialyse
HS	: Hautement significatif (Test statistique)
HDL	: High density lipoprotein
IQ	: Indicateur qualité
IRC	: Insuffisance Rénale Chronique
ISO	: Organisation internationale de normalisation
JCAH	: Joint Commission on Accreditation of Hospitals
JCAHO	: Joint Commission on Accreditation of Health care Organizations
KW	: Test statistique de Kruskall Wallis
5M	: Main-d'œuvre, moyens, matières, méthodes, milieu
LA	: Limite d'acceptabilité
MDA	: Malondialdéhyde
OHD	: 25 Hydroxy -vitamine D
OHTA	: Office of Health Technology Assessment
OMAR	: Office of Medical Applications of Research of the National Institutes of Heath
OMS	: Organisation mondiale de la santé
OP	: Patients ostéoporotiques
OTA	: Office of technology assessment

8

P	: Seuil de signification de test statistique
PMSI	: Programme de médicalisation du système d'information
PROPAC	: Prospective Payment Assessment Commission
PTH	: Parathormone
QALY	: Quality-adjusted life-year
QQOQCC	: Qui, quoi, où, quand, comment, combien
TBARS	: Substances réagissant avec l'acide thiobarbiturique
TSH	: Thyréostimuline hormone
UESAQ	: Unité d'évaluation en santé et d'assurance qualité
UFR	: Unité de Formation et de Recherche
USA	: Etats-Unis

LISTE DES FIGURES

LISTE DES TABLEAUX

12

INTRODUCTION

L'évaluation médicale a pour objectif de mesurer les résultats de l'action médicale et administrative en vue de permettre à la fois d'assurer l'amélioration de la qualité des soins délivrés aux patients et de garantir une allocation optimale des ressources [1].

L'évaluation médicale constitue à cet effet, un des instruments qui doivent permettre, en structurant mieux la pratique clinique, de mieux connaître les raisons et les résultats des activités médicales quotidiennes.

La pratique généralisée de l'évaluation est la seule méthode qui puisse permettre de garantir à la population, un bon niveau de qualité des soins, tout en préservant le niveau de protection devant la maladie [2]. Ainsi, la nécessité de l'évaluation médicale se manifeste de plusieurs points de vue selon que l'on se place au niveau de l'hôpital, du système de santé, et de la société.

Du point de vue médical, la rapidité des développements de la médecine, les possibilités de plus en plus étendues de celle-ci, la multiplication des spécialités, posent un problème de tri de l'information et génèrent un décalage entre l'état des connaissances et leur mise en œuvre dans la pratique quotidienne.

Concernant le point de vue économique, la part des dépenses de santé rapporté au produit intérieur brut est en forte progression dans tous les pays [3], par rapport aux ressources et à la production, avec un risque d'écart croissant entre les besoins et les dépenses possibles.

L'analyse économique [4] qui constitue un élément de l'évaluation médicale, permet d'apporter une réponse sur le coût économique d'un traitement, et d'en déterminer s'il existe d'autres traitements possibles à résultat identique.

Enfin, du point du de la société ou de la collectivité qui finance, le besoin d'une information objective des usagers se fait de plus en plus pressante, pour une meilleure compréhension et une participation aux actions de santé et aux traitements. La notion d'evaluation médicale est prise ici dans le sens d'une information permanente sur l'activité médicale au quotidien.

Cependant, dans le contexte actuel où le discours économique est prédominant, se préoccuper parallèlement de la qualité de la médecine est, pour citer Béraud C. [5], « une impérieuse nécessité ».

Cette nécessité est d'abord morale, parce que la médecine, en devenant efficace, est aussi devenue dangereuse, puis professionnelle, parce que la complexité de la médecine est devenue telle qu'il n'est plus possible de l'exercer aujourd'hui sur le modèle exclusif du colloque singulier.

16

Il faut désormais tenter de donner à la pratique médicale, autant que faire se peut, les caractéristiques d'une science. L'évaluation médicale est un des moyens d'y arriver [6].

Cependant, bien qu'elle fasse l'objet de nombreuses mesures d'incitation et recommandations au niveau international [7, 8], l'évaluation médicale reste encore insuffisamment développée dans les établissements hospitaliers et les laboratoires de biologie médicale en Côte d'ivoire [9.

Le but de ce travail est de contribuer à la mise en place des outils méthodologiques pour le fonctionnement technique et institutionnel, d'une unité d'évaluation en santé et d'assurance qualité (UESAQ) au sein de l'UFR des sciences médicales, dans une perspective de structuration de la démarche de l'évaluation médicale.

L'objectif principal de cette étude, est donc de tester la validité des outils de l'évaluation médicale appliqués à l'évaluation de différents domaines de fonctionnement des laboratoires de Biochimie médicale des CHU du district d'Abidjan tels que :

- dans la délivrance des analyses de biologie médicale qui sont indispensables à la démarche diagnostique, thérapeutique,

- et de suivi pronostique des affections par le praticien.

Au niveau des objectifs spécifiques, cette étude vise à :

- Conduire des travaux d'évaluation de la qualité des pratiques professionnels et des prestations des laboratoires de Biochimie médicale des CHU d'Abidjan,

- Développer des outils techniques de l'évaluation médicale et de la promotion de la qualité des prestations fournies, applicables dans les laboratoires de Biochimie médicale,

- Proposer un schéma de l'organisation institutionnelle et technique d'une unité d'évaluation en santé et d'assurance qualité (UESAQ), capable d'assurer la pérennité de la démarche de l'évaluation médicale et de promotion de la qualité en Côte d'Ivoire.

PREMIERE PARTIE

REVUE DE LA LITTERATURE

CHAPITRE I

APPROCHES DE LA NOTION D'EVALUATION MEDICALE

I.1 APPROCHES DE LA NOTION D'EVALUATION MEDICALE

L'étude du concept « évaluation » constitue une étape préalable indispensable avant la définition de l'évaluation médicale et plus particulièrement des techniques et pratiques médicales, objet de cette étude.

I.1.1 Cadre de l'évaluation médicale [1]

I.1.1.1 Origine du concept de l'évaluation

Les premières formes apparues au début du siècle furent les contrôles administratifs et les audits de gestion. Elles ont contribué à forger une image négative de l'évaluation souvent soupçonnée d'être une sanction.

La théorie et la pratique de l'évaluation se sont développées avant tout aux Etats-Unis dès 1950, où est introduite une distinction claire entre évaluation et mesure, puis par la suite en Europe à partir de 1956 avec la création d'un organisme indépendant, le Health Council au Pays-Bas.

A partir de cette date, les objectifs de référence d'une activité, la mesure comparative et les effets résultants, constitueront les trois notions présentes dans un grand nombre d'évaluations.

La situation de l'évaluation en France se caractérise par l'absence du statut officiel de cette activité, et par la faible institutionnalisation de la commande publique et du milieu professionnel.

Au contraire, les pays à structure fédérale et au pouvoir législatif fort tels les Etats-Unis et l'Allemagne, contribuent à la promotion de l'évaluation. En effet, l'évaluation permet le contrôle, par l'exécutif, de l'usage local des fonds fédéraux ainsi que le contrôle du gouvernement par les instances législatives.

Le Congrès américain représente un contre pouvoir face à l'exécutif beaucoup plus puissant que ne le sont le Parlement français et la Chambre des communes anglais.

I.1.2.2 Caractéristiques de l'évaluation

Celui qui évalue cherche à répondre à des questions correspondant à des types particuliers d'évaluation. Aussi, l'évaluation peut être abordée de plusieurs façons en fonction du but poursuivi, des méthodes employées, de l'utilisation des résultats.

L'évaluation peut servir notamment trois objectifs, non mutuellement exclusifs :

- La planification,

- L'amélioration,
- L'impact, les résultats.

A cet effet, il a été établi une classification des différents types d'évaluation :

- *L'évaluation interne et l'évaluation externe*, selon qu'elle est effectuée par un membre de l'entreprise ou par un consultant extérieur ;

- *L'évaluation ponctuelle*, représentée classiquement par l'audit, et l'évaluation permanente, qu'illustre la démarche des cercles de qualité ;

- *L'évaluation physique (ou objective)*, qui fait référence à des critères techniques,

- *L'évaluation perceptuelle (ou subjective)*, c'est-à-dire à partir d'indicateurs d'opinion ;

- *L'évaluation rétrospective*, qui est une vérification de la conformité de sa pratique aux normes, et l'évaluation prospective, dont l'objectif est d'apprécier les conséquences économiques, sociales, culturelles de l'insertion de nouvelles pratiques dans la vie des individus.

La démarche évaluative quant à elle, obéit à des règles strictes et à une méthodologie rigoureuse et comprend plusieurs étapes :

- *La définition claire des objectifs de l'évaluation*. On évalue pour prendre une décision, définir une stratégie ou une politique, améliorer un rendement ou une performance ou encore afin de modifier une organisation, des comportements, des pratiques ;

- *La détermination d'un domaine de référence*, c'est-à-dire la définition de standards, de normes et de critères spécifiques et caractéristiques de l'objet ou du sujet à évaluer. Ce domaine de référence doit être perçu comme représentatif par le plus grand nombre ;

- *La détermination d'indicateurs et de méthodes* permettant une mesure fiable et objective, reflétant la réalité du domaine évalué ;

- *Le recueil d'informations et de faits précis relatifs au domaine à évaluer*. Cette étape suppose l'existence d'une base de données exploitable et facilement accessible ;

- *La comparaison des données collectées aux critères de références,* à l'analyse des résultats et la mesure des éventuels écarts observés ;

- *La détermination d'actions à entreprendre pour réduire les écarts* et atteindre l'objectif fixé ;

- *La mise en œuvre de ces actions* et, secondairement, le contrôle a posteriori de leur efficacité.

Parmi les outils courants et indispensables notamment pour les pouvoirs publics, l'évaluation occupe donc une place particulière, car elle permet de prendre les décisions stratégiques ou opérationnelles nécessaires dans le cadre d'une politique donnée, sachant que l'évaluation n'est jamais une pratique neutre et extérieure aux rapports de pouvoir.

I.1.1.2 Notion de l'évaluation médicale

La médecine est une discipline de plus en plus complexe et dont la technicité a considérablement augmentée ces dernières années.

La médecine peut s'évaluer à des moments différents de la mise en œuvre d'une technologie, de la conception d'une stratégie diagnostique et d'une pratique de soins.

I.1.1.2.1 Origine et définitions

L'évaluation médicale provient initialement de l'Amérique du Nord. Au début du siècle, l'American College of Surgeons, inquiet par le nombre d'interventions chirurgicales non justifiées et par le nombre d'interventions pratiquées par des chirurgiens sans aucune expérience, décida de surveiller des hôpitaux lieux de stages.

Pour cela, il établit une série de normes de type « ressources » concernant les hôpitaux privés désireux d'accueillir des étudiants ou de futurs chirurgiens, en vue de leur décerner des certificats de conformité, moyennant une inspection par une délégation de l'Association.

En 1951, l'American College of Surgeons s'associa avec d'autres organismes professionnels et créa la Joint Commission on Accréditation of Hospitals (JCAH) avec pour rôle d'établir un contrôle volontaire des hôpitaux en vue de l'obtention d'un certificat d'agrément.

I.1.1.2.2 Types d'évaluation médicale

L'évaluation médicale n'est qu'un aspect de l'évaluation en matière de santé et comporte elle-même, d'une part, l'évaluation des techniques et des stratégies diagnostiques et thérapeutiques (technology assessment), d'autre part, l'évaluation de la qualité des soins (quality insurance).

> ➢ **L'évaluation des techniques et des stratégies diagnostiques et thérapeutiques**.

La définition de référence pour l'évaluation des techniques et des stratégies médicales est celle de l'Office of Technology Assessment (OTA) du Congrès américain. Selon l'OTA, l'évaluation (assessment) est :

Au sens strict, l'appréciation du degré de sécurité et d'efficacité d'une technique. Au sens plus large, l'évaluation est une démarche spécifique qui permet d'analyser les conséquences à court terme des techniques médicales.

Il peut ainsi devenir la source d'informations nécessaire aux décideurs politiques pour la gestion du système, aux industriels pour développer leurs produits, aux professionnels de la santé pour traiter leurs patients, et aux usagers pour prendre leurs propres décisions concernant leur santé.

A l'aide de cette définition, il est possible de distinguer :

- **l'évaluation des nouvelles technologies**, visant à déterminer l'apport de la nouvelle technique ou à préciser ses conditions d'utilisation eu égard aux possibilités techniques existantes, et

- **l'évaluation des techniques et pratiques médicales courantes**, visant à déterminer la technique ou procédure la mieux adaptée eu égard aux résultats techniques, cliniques et économiques (figure 1).

Plusieurs auteurs présentent l'évaluation comme une mesure de la valeur, la valeur intégrant les éléments suivants :

- *La sécurité (safety)* : il s'agit de s'assurer que la technique proposée ne comporte pas de danger.

23

- *L'efficacité expérimentale ou clinique (efficacy)* : il s'agit de mesurer la différence apportée par la technique en situation expérimentale. L'instrument privilégié de cette mesure est les essais thérapeutiques randomisés.

- *L'efficacité terrain ou pragmatique (effectiveness)* : il s'agit de mesurer les interactions des traitements, et l'intérêt d'une procédure dans des conditions moyennes d'exercice du système de soins [10]. C'est également l'aptitude d'une activité médicale à identifier ou à modifier favorablement une maladie dans une population.

- *L'efficience ou coût/efficacité (efficiently)* : il s'agit de mesurer les résultats et les ressources mises en œuvre. Des critères spécifiques sont à choisir pour évaluer l'efficacité et le coût des soins.

> **L'évaluation de la qualité des soins**

Il faut avant tout souligner la difficulté de définir la notion de qualité des soins, étant donné la complexité de l'activité médicale et des interactions entre ses différentes composantes.

L'appréciation de ce qui est bien est fonction des normes admissibles par les leaders de la profession à un moment donné [11]. Il faut être conscient que ces standards reflètent l'état actuel des connaissances et peuvent changer en même temps que cet état progresse.

La définition de référence de la qualité des soins est celle proposée par l'Organisation mondiale de la santé (OMS) :

C'est une démarche qui doit permettre de garantir à chaque patient l'assortiment d'actes diagnostiques et thérapeutiques qui lui assurera le meilleur résultat en termes de santé,

Conformément à l'état actuel de la science médicale, au meilleur coût pour un même résultat, au moindre risque iatrogénique, et pour sa plus grande satisfaction, en termes de procédures, de résultats et de contacts humains à l'intérieur du système de soins.

Quant aux caractéristiques des soins de qualité, elles ont été énumérées notamment par la Joint Commission on Accreditation of Healthcare Organisations (JCAHO) dont l'une des missions est d'établir des normes de qualité en vue de l'accréditation aux Etats-Unis. Pour la JCAHO, les soins de qualité doivent être [12] :

- **Efficaces et conformes aux normes** scientifiques admises par les plus hautes autorités en la matière ;

- **Appropriés**, sachant que des soins efficaces peuvent ne pas être appropriés dans certains cas particuliers ;

- **Sûrs**, c'est-à-dire comportant le minimum de risques pour le patient ;
- **Accessibles et acceptables pour le patient**, entraînant sa satisfaction ;

- **Les moins coûteux à qualité égale** (utilisation optimale des moyens disponibles).

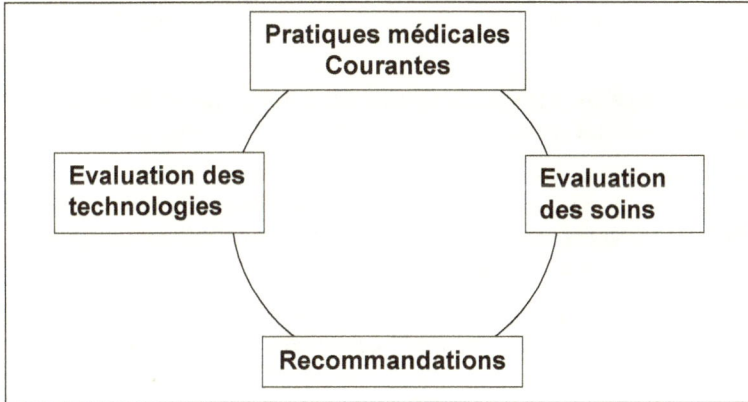

Figure 1 : Evaluation des technologies et évaluations des soins [1]

I.1.1.2.3 Etapes de la démarche de l'évaluation médicale

La démarche d'évaluation médicale permet ainsi de connaître de façon plus complète le contenu véritable des actes médicaux, leurs performances et leurs conséquences directes ou secondaires.

De plus, l'évaluation des techniques et des stratégies médicales et l'évaluation de la qualité des soins, de par leur continuité logique, font l'objet d'une réflexion commune.

L'évaluation des soins assure notamment la comparaison entre la pratique constatée et la procédure de référence, et met en évidence les difficultés. Pour être réalisée, l'évaluation des soins nécessite une démarche dont la chronologie est la suivante [13] :

-*Choix du thème à évaluer* : cette étape détermine la fréquence et la gravité d'un problème (ex : utilité du cliché thoracique préopératoire systématique en chirurgie non cardio-pulmonaire) ;

-Etablissement des critères : c'est la détermination des références indiquant ce qu'il faut faire dans des conditions idéales de compétence, d'équipement et d'organisation (ex : recommandation de prescription pour l'affection cardiovasculaire) ;

-*Description de la pratique et des différences observées entre la pratique et la référence* : la pratique effectuée dans l'établissement est décrite et comparée au document de référence (ex. : nombre de clichés thoraciques demandés en préopératoire) ;

-*Explication des différences observées* : les différences entre la référence et la pratique doivent être expliquées afin de déterminer des mesures correctives ;

-*Mesures propres à ramener les écarts observés dans des limites acceptables* : l'analyse des écarts peut conduire, soit à redéfinir les critères ou références, soit à modifier les pratiques (ex : ne prescrire des clichés thoraciques préopératoires que dans les conditions définies) ;

-*Vérification de l'impact des mesures prises et de son caractère durable* : c'est l'étude de l'impact de l'évaluation ou l'évaluation de l'évaluation.

I.1.2 Méthodes de l'évaluation médicale

Il existe deux approches qualitative et quantitative de l'évaluation médicale répondant à deux grandes préoccupations qui sont relatives une aide à la décision médicale (évaluation de la qualité des soins médicaux produits), soit à l'appréciation des coûts des soins mis en œuvre (évaluation économique).

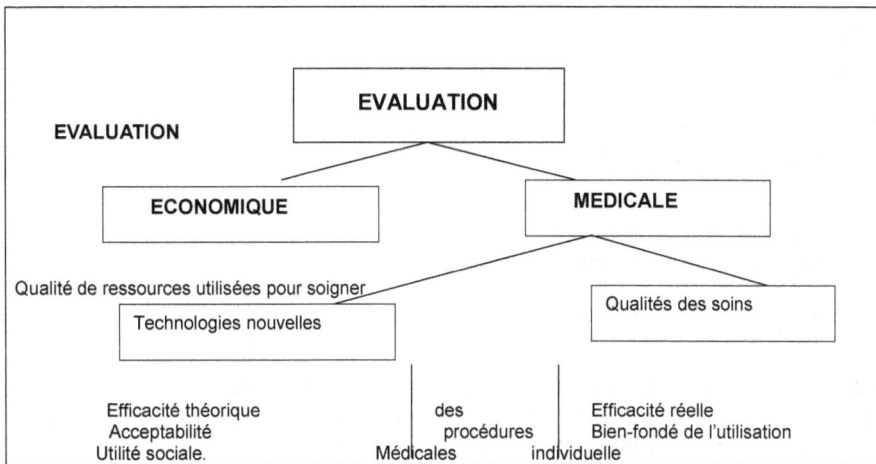

Figure 2 : Différents types d'évaluation médicale [1]

I.1.2.1 Méthode qualitative :

➤ Evaluation de la qualité des soins

L'amélioration de la qualité des soins est une préoccupation pour un nombre croissant d'établissements hospitaliers qui mettent en place des « programmes d'assurance qualité » répondant à un triple objectif : mesurer la qualité des soins, contrôler les risques, corriger les dysfonctionnements.

Ces programmes étudient simultanément plusieurs facteurs : efficacité, adaptation et sécurité des soins, optimisation des moyens et aussi satisfaction du patient. Ils prennent en compte à la fois l'allongement ou la préservation de la vie et la qualité de celle-ci.

Donabedian A. [14], a jeté les bases conceptuelles de l'évaluation en médecine, et défini ses champs d'application : les structures, les procédures et les résultats.

L'évaluation des structures et organisations sanitaires

Elle comprend l'évaluation des installations et des équipements disponibles et utilisés pour la prestation des soins.

Elle couvre tous les aspects physiques des installations et équipements, et va plus loin en incluant toutes les caractéristiques de l'organisation administrative et les qualifications des professionnels de santé [15].

Le fait de prendre les structures comme indicateur de qualité repose sur deux hypothèses fondamentales :

- Il est plus probable d'obtenir de meilleurs soins quand existent une équipe mieux qualifiée, des aménagements perfectionnés et une organisation administrative et financière plus solide ;

- Il est possible d'identifier ce qui est « bon », ce qui est de qualité en matière de personnel, de structures matérielles et organisationnelles.

Il faut souligner que cette qualité de structures ne signifie pas que la qualité des soins soit atteinte. Cette approche de l'évaluation recouvre des dispositifs divers tels que l'agrément, la conformité des installations et l'accréditation.

En France, la loi hospitalière qui " légitimise "l'évaluation à l'hôpital un des exemples et initiatives appliqués à ce domaine [16].

L'évaluation des procédures et stratégies médicales

Les procédures correspondent à l'ensemble des activités destinées directement ou indirectement aux soins des malades. L'évaluation des procédures se définit comme l'évaluation des activités des médecins dans leurs relations avec les malades. Le critère d'évaluation généralement utilisé est le degré d'adéquation aux normes en attentes de la profession.

Ces normes et ces attentes peuvent avoir comme origine ce qui est considéré comme une pratique idéale, bonne ou acceptable par les chefs de file reconnus de la profession, ou être déduites des modèles de soins observés dans la pratique courante.

Selon l'OTA (Office of Technology Assessment des Etats unis), cette démarche prend en compte la sécurité, l'efficacité expérimentale et pragmatique d'une technologie, son coût, et son rapport coût-avantage [17].

Lorsque l'évaluation des procédures sert à asseoir l'évaluation de la qualité des soins médicaux, il est nécessaire de poser comme hypothèse principale que le soin médical est utile au maintien et à l'amélioration de la santé et, secondairement, que des éléments particuliers du soin sont reconnus comme ayant des résultats favorables ou défavorables en matière de santé.

L'évaluation des résultats

Il s'agit de l'évaluation des résultats finaux en termes de santé et de satisfaction pour le malade ou la population. Cette évaluation fournit la certitude que le soin a été bon, mauvais ou sans effet. Elle repose sur un consensus social et professionnel qui définit les résultats souhaitables.

Dans cette approche le premier problème est de déterminer ce qu'est un résultat. Les résultats sont les changements induits chez le malade en termes d'indicateurs de santé, et qui peuvent être attribués à une intervention médicale [15]. Donabedian [18], voit trois avantages à l'évaluation des résultats :

- *Le premier* est son grand niveau de validité comme mesure de la qualité, quasiment jamais remis en question.

- *Le deuxième* est que ce mode d'évaluation permet d'intégrer tous les effets des différents facteurs et processus de soins pour traduire un effet net sur la santé.

- *Le troisième* est que l'évaluation des résultats a un aspect novateur dans le sens où il amène à s'interroger sur le pourquoi du résultat et à remonter ensuite la chaîne de soins.

Cette approche d'évaluation des résultats, combinée à l'évaluation des procédures, tend à prédominer. La surveillance de certains résultats, comparés à des normes de qualité élaborées par l'institution, peut servir utilement d'indicateur pour détecter et prévenir les problèmes dans le processus de soins.

I.1.2.2. Méthode quantitative : évaluation économique

Caractéristiques de l'évaluation économique

La nécessité de l'évaluation économique dans le domaine de la santé tient à ce que l'on se trouve dans un domaine essentiellement non marchand.

Ainsi selon Arrow KJ [19], les mécanismes habituels par lesquels le marché assure la qualité des produits n'opèrent que très faiblement dans le système de santé. Il est remplacé par une l'internalisation de valeurs par les professionnels.

L'évaluation économique a pour objectif de répondre à deux questions :

- Cette procédure de soins peut-être valablement mise en œuvre comparativement aux autres procédures que nous pourrions mettre en œuvre avec les mêmes ressources ?

- Sommes-nous satisfaits de la manière dont ces ressources sont dépensées ?

L'évaluation économique revêt une importance particulière, car les ressources – en hommes, en temps, en équipements… sont rares et que des choix doivent être faits à tout instant pour les répartir.

Seule une analyse systématique permet d'identifier clairement les choix pertinents, en tenant compte du point de vue retenu et en apportant des données chiffrées.

L'évaluation économique peut être ainsi définie comme « l'analyse comparative d'actions alternatives en termes de coûts et de conséquences ».

Par conséquent, les tâches fondamentales de l'évaluation économique seront d'identifier, de mesurer, d'évaluer et de comparer les coûts et les conséquences des alternatives considérées.

L'analyse du coût ou de minimisation du coût

L'analyse du coût vise à connaître le coût d'une pathologie, d'un traitement, c'est-à-dire à cerner les ressources consacrées à cette pathologie ou ce traitement [20]. On distingue trois grandes catégories de coûts :

- Les coûts de fonctionnement à l'intérieur du système de santé. Il s'agit toujours de coûts directs, médicaux s'ils concernent les ressources absorbées par le traitement ou non médicaux ;

- Les coûts supportés par les patients et leurs familles. Il s'agit de coûts supportés par les patients et leurs familles ;

- Les coûts supportés au niveau de la société. Il s'agit des répercussions économiques de la mortalité et de la morbidité.

Lorsque l'on aborde une étude de coûts, il faut avoir toujours présent à l'esprit le fait que le coût se rattache au sacrifice fait quand une ressource donnée est utilisée dans un traitement et qu'il ne faut pas se limiter aux seules dépenses financières.

Il faut prendre en considération également, les autres ressources dont la consommation ne se traduit pas en termes de prix de marché (temps de bénévoles, loisirs du malade…).

L'analyse du coût peut se transformer en une étude de minimisation du coût selon Drummond MF [4]. Dans ce cas l'évaluation consistera essentiellement en une recherche de l'alternative la moins coûteuse.

L'analyse coût-efficacité

L'analyse coût-efficacité est une forme d'évaluation économique qui s'intéresse à la fois aux coûts et aux conséquences d'un programme de santé ou d'un traitement, et qui met en relation un résultat non monétaire avec des données monétaires. Elle s'exprime aussi bien en termes de coût par unité de résultat obtenu ou en termes de résultat par unité de coût.

Cette analyse est adaptée pour répondre à des interrogations sur le « comment d'une politique ». Elle détermine la stratégie pour atteindre un objectif d'efficacité médicale donné au moindre coût ou, qui aura l'efficacité maximale à contrainte budgétaire fixée à priori.

Elle permet de décider lorsque l'une des stratégies domine clairement les autres, à la fois sur la dimension du coût et sur celle de l'efficacité, favorisant ainsi une classification des différentes stratégies par ordre de ratios coût-efficacité décroissants.

L'analyse coût-efficacité nécessite que les résultats médicaux obtenus dans le cadre de stratégies alternatives soient d'ordre de grandeur relativement équivalent, et que les initiatives aient un sens.

L'analyse coût-utilité

L'analyse coût-utilité est une forme d'évaluation économique qui porte une attention particulière à la qualité du « produit de santé » obtenu. C'est une analyse qui présente de nombreux points communs avec l'analyse coût-efficacité, mais qui en diffère sur les points suivants.
Dans l'analyse coût-utilité, le coût différentiel d'un programme est comparé à l'amélioration différentielle de santé attribuable à ce programme, où l'amélioration de santé est mesurée en Quality-adjusted life-year (QALY), année de vie gagnée ajustée sur la qualité. Le résultat est généralement exprimé en coût par unité de vie/qualité gagnée.

L'analyse coût-utilité utilisant les indicateurs de types QALY a une spécificité : elle s'efforce de pondérer explicitement l'indicateur d'efficacité médicale (gain en survie) par une appréciation subjective quantifiée de la qualité de la survie [18].

31

Les analyses coût-utilité posent, en revanche un problème si l'on prétend en faire un instrument [19], non seulement de comparaison de stratégies médicales voisines, mais d'arbitrage de l'allocation des ressources entre les différents secteurs d'intervention et domaines pathologiques.

L'analyse coût-bénéfice

L'analyse coût- bénéfice qui compare les coûts des stratégies médicales avec leurs bénéfices sanitaires mesurées en quantités monétaires, est la seule méthodologie économique qui peut contribuer à attribuer à aider à la fixation des seuils à l'allocation des ressources [20].

L'analyse coût-bénéfice consiste donc à mettre une valeur sur les bénéfices que l'on tire d'un programme ou d'un traitement.

L'analyse coût- bénéfice et l'analyse coût-utilité permettent une meilleure approche de la validité des traitements concernés comparativement aux autres.

Elle seule permet de contribuer à la discussion sur les seuils optimaux d'extension des stratégies médicales et des programmes de santé en fournissant un moyen de comparaison explicite entre la valeur des résultats sanitaires obtenus, et celles des ressources consommées pour y parvenir.

Tableau I : Typologie des méthodes d'évaluation économique de stratégies médicales [20]

Type	Mesure des coûts	Identification des conséquences	Mesure des conséquences
Minimisation des coûts	FF	Conséquences identiques toutes alternatives comparées	Aucune
Coût-efficacité	FF	Indicateur d'efficacité à dimension unique	Unités physiques
Coût-utlité	FF	Indicateur d'efficacité à plusieurs dimensions	Qaly
Coût-bénéfice	FF	Indicateur d'efficacité à une ou plusieurs dimensions	FF

I.1.3 Objectifs de l'évaluation médicale

L'évaluation médicale doit intégrer simultanément la qualité des soins (aspect qualitatif) et la maîtrise des dépenses de santé (aspect économique).

Cependant, les restrictions financières ne doivent pas constituer l'élément déterminant du développement de l'évaluation. L'évaluation contribue en effet, par l'utilisation optimale des moyens, à améliorer les soins dispensés aux usagers et constitue, de ce fait, un outil d'aide à la décision.

I.1.3.1. Une rationalisation des moyens

Si un consensus existe quant à la nécessité d'utiliser de façon optimale les moyens consacrés à la santé, il n'existe pas de réponse aussi homogène sur la méthode à utiliser afin que cet objectif soit atteint.

Ainsi, il est constaté que les résultats, les moyens mis en œuvre pour des maladies identiques varient considérablement. De plus, les dépenses excessives ne vont pas toujours dans le sens de l'efficacité.

L'utilisation optimale des ressources (optimisation du rapport coût/efficacité) mises à la disposition de l'hôpital contribue à l'amélioration de la santé de la population. L'absence de mesures ne permet pas d'évaluer le capital santé d'une population.

La pratique médicale se trouve confrontée à une contrainte externe (la politique de maîtrise des dépenses de santé), et à une difficulté interne : inflation des connaissances médicales.
La mission essentielle des actions d'évaluation est d'aider les médecins praticiens à affronter ces deux obstacles dans l'intérêt de la collectivité [21].

I.1.3.2. Une aide à la décision

L'évaluation permet de clarifier les choix pour les décideurs dans un contexte d'incertitude ; elle fournit l'information nécessaire aux pouvoirs publics pour la gestion du système de santé, aux professionnels pour traiter au mieux leurs patients et aux consommateurs pour prendre leurs propres décisions concernant leur santé.

Pour les pouvoirs publics

Les pouvoirs publics, notamment le ministère chargé de la Santé peuvent en matière de politique de santé, opter pour différents objectifs : privilégier la santé publique, créer des emplois, soutenir les industriels ou les fabricants de technologies médicales [22]. Pour répondre à ces objectifs, les pouvoirs publics sont relativement démunis.

Par ailleurs, sur le plan collectif, il est nécessaire de connaître les besoins de santé de la population, afin de juger de l'importance des actions à mettre en œuvre dans les domaines de santé.

L'évaluation peut aussi éviter de répondre à des attentes exagérées de la part de la population ou des professionnels de la santé, notamment par la diffusion de techniques ne procurant aucun bénéfice sanitaire.

Dans ce cas, l'évaluation constitue un outil permettant de délimiter le domaine objectif et le domaine subjectif. Elle rend transparente l'échelle des valeurs sur laquelle seront fondées les décisions importantes.

Pour l'hôpital

A l'hôpital, l'évaluation constitue une aide à la décision dans deux domaines essentiels : au niveau de la décision médicale et de l'allocation optimale des moyens.

La décision médicale : L'évaluation peut contribuer à définir les thérapeutiques les plus efficaces, à modifier les comportements des praticiens. La réflexion sur l'activité médicale, la confrontation des rationalités retentissent sur le processus général de la décision médicale.

Toutefois, l'évaluation peut soulever quelques difficultés pour le médecin [23], si elle ne tient pas compte de la spécificité de la médecine notamment :

- l'impossibilité de se référer à un modèle idéal et la nécessité d'une permanente révision des critères d'évaluation ;

- la médecine est une science de la décision qui intègre les connaissances scientifiques, la relation avec le malade, les moyens disponibles, la personnalité du médecin ;

- la médecine implique une relation interpersonnelle (malade L'absence de mesures ne permet pas d'évaluer le capital santé d'une population - médecin).

Une démarche d'évaluation modifie l'approche du médecin à l'égard des techniques médicales mais ne peut exclure le problème d'éthique. Le médecin doit toujours pouvoir juger au cas par cas la stratégie la mieux adaptée à un patient.

L'allocation optimale des moyens : Les décideurs hospitaliers ne connaissent pas systématiquement le rendement des choix qu'ils ont eu à faire. Faute d'information, les directeurs répartissent le budget sur des arguments plus politiques que rationnels.

Pour répondre à cette absence de données, l'évaluation donne des instruments qui permettent d'effectuer des choix en matière d'investissement et de répartition des moyens.

Les directions pourront disposer d'éléments sur l'efficacité des personnels, des équipements et mieux répondre aux besoins des médecins en répartissant plus équitablement les agents, et en investissant dans les secteurs où la demande est justifiée.

Des études sur le coût d'acquisition ou sur le coût d'utilisation des technologies sont utiles pour l'élaboration des prévisions budgétaires ainsi que pour la négociation budgétaire avec la tutelle.

Il faudra de plus argumenter les demandes d'équipements, de matériel, de personnel.

Pour les usagers

L'évaluation a également pour objectif l'information des usagers et des citoyens, afin de clarifier leurs choix de santé, en particulier sur les médecins et des structures de soins.

Actuellement, la réputation d'une structure sanitaire est davantage liée à sa modernité et à son équipement qu'aux résultats médicaux. De plus, une information objective par les médias faciliterait la participation des usagers aux choix des diagnostics, des traitements et des actions de santé qui les concernent.

Enfin, par la nécessité d'établir de nouveaux rapports entre ceux qui dispensent les soins et ceux qui en bénéficient, l'évaluation contribue à maintenir la relation de confiance entre le médecin et le malade.

CHAPITRE II

OUTILS DE L'EVALUATION MEDICALE

I.2 OUTILS DE L'EVALUATION MEDICALE

I.2.1 Différents outils de l'évaluation médicale

Les méthodes d'évaluation décrites précédemment ne peuvent être mises en œuvre qu'à condition de disposer d'outils appropriés. On peut distinguer trois instruments principaux d'évaluation : le système d'information, la conférence de consensus, l'audit médical, et les outils de la démarche d'amélioration de la qualité.

Leur diversité peut surprendre, mais s'explique par le fait qu'ils s'inscrivent dans des étapes temporelles et spatiales différentes de l'évaluation. Ils ne sont nullement exclusifs, mais se rejoignent dans une démarche d'évaluation complète.

I.2.1.1. Le système d'information

La première étape de la démarche d'évaluation, une fois définie la méthode et les objectifs de l'étude envisagée, est la collecte d'informations. C'est une étape essentielle qui conditionne toute la suite du travail, la praticabilité des méthodes d'évaluation, la validité des jugements portés et la crédibilité de l'étude. Le système d'information repose sur la constitution des dossiers médicaux et la détermination d'indicateurs.

Le dossier médical et la médicalisation des systèmes d'information

Le dossier médical : C'est le document de base nécessaire aux études d'évaluation (études de processus, de résultats et de coûts). Le dossier médical doit être accessible, complet et correctement instruit.

L'existence d'un dossier médical par le service ou par spécialité, peut apporter quelques avantages au niveau du service concerné (accessibilité accrue, risque de perte diminué).

Elle présente néanmoins l'inconvénient, au niveau de l'institution, d'interdire ou de gêner l'agrégation de certaines données et la surveillance de certains phénomènes, infections nosocomiales par exemple.

Cette situation peut être améliorée par la mise en place d'un réseau de collecte de l'information, respectant les particularités de chaque spécialité et lui permettant d'ordonner comme elle l'entend les informations qui lui sont propres, semble la solution souhaitable.

C'est parce que le dossier médical est un instrument essentiel de la gestion et de la coordination des soins médicaux, autant qu'un instrument essentiel de l'évaluation, que la Joint Commission (JCAHO) attache une si grande importance à son contenu et à son suivi, à l'organisation administrative du service des dossiers médicaux et à la surveillance et au contrôle des enregistrements.

Médicalisation des systèmes d'information : Un système d'information hospitalière se définit comme un système ouvert qu'essaie d'intégrer et de faire communiquer les flux d'informations internes et externes à l'hôpital, en assurant les fonctions communes à toutes les applications utilisées [24]

La médicalisation des systèmes d'information doit être liée au développement et au renforcement des systèmes informatiques de gestion économique et financière afin de pouvoir associer à une évaluation de la qualité des soins les éléments de coût correspondants. Cela suppose que le système d'information :

- Soit un système permanent et intégré afin d'éviter la multiplication des procédés du fait des différentes approches de l'évaluation ;

- Soit pensé de façon globale en privilégiant l'information de santé ; il sera doté d'une mémoire permettant une évaluation en continu ;

- Ait une structure souple et décentralisée.

Ce modèle d'organisation présente l'avantage de mieux intéresser les médecins à la saisie ou à la codification des informations dès lors qu'ils auront à leur disposition des éléments d'activité plus précis intégrant les résultats de soins.

Les indicateurs

Les indicateurs, fournis régulièrement par le système d'information et suivis par le médecin permettent une surveillance constante sur le système de soins.

On peut les comparer à des « clignotants » sur un tableau de bord, facilitant la détection rapide et sûre d'une défaillance du système de soins en place.

Mellière D. [25] définit les cinq qualités que doivent posséder les indicateurs. Ils doivent être : 1) Faciles à trouver dans les dossiers, 2) Peu nombreux, 3) Mesurables de façon simple, 4) Admissibles par tous, 5) Enfin, significatifs de la qualité.

Les indicateurs permettent plusieurs types de suivi : 1) Un suivi global de la qualité des soins. Dans ce cas ils s'appliquent à un service ou un établissement ;2) Un suivi de procédures particulières en raison de leur importance, de leur risque ou de leur nouveauté ; 3) Un suivi des défaillances pouvant intervenir dans la qualité des soins.

I.2.1.2. Les conférences de consensus

> ➢ Définition des conférences de consensus.

La diversité des pratiques médicales, les progrès rapides de la médecine et l'évolution des techniques, le contexte de restriction dans le domaine des choix de santé font qu'il est nécessaire de faire ponctuellement le point sur une pathologie, sur un traitement. C'est l'objectif des conférences de consensus.

La conférence de consensus peut se définir comme une synthèse des avis d'experts en vue de l'aide à la décision, ou selon Jacoby I. [26] comme :

« *des forums ouverts rassemblant des experts de la recherche biomédicale, des cliniciens et des représentants du public dans un effort commun pour évaluer la sécurité et l'efficacité d'une procédure ou d'une technique médicale et pour recommander leurs meilleures conditions d'application dans la pratique clinique* ».

Le Professeur Papiernik E. [27] a précisé les conditions du consensus. Selon lui, l'élaboration du consensus repose sur :

- L'examen critique de la littérature scientifique publiée sur le sujet ;
- La confrontation entre ces données et les jugements d'experts indépendants ;
- La confrontation entre le jugement des experts impliqués dans le domaine étudié et celui d'experts qui ne sont pas directement intéressés dans leurs activités professionnelles par le sujet débattu ;
- La prise en compte de la perception sociale du problème exprimé par l'usager.

> ➢ Etapes des conférences de consensus.

Une conférence de consensus se déroule en quatre temps :

Sélection des sujets. Celle-ci tient compte de l'importance médicale du sujet, de l'existence d'un débat scientifique, d'un écart existant entre la connaissance scientifique et les pratiques observables, des impératifs de santé publique et économique [28].

Préparation et organisation de la conférence. Le comité d'organisation comprend des représentants des instituts scientifiques, des sociétés savantes concernées par le sujet, qui désigne un jury de 10 à15 membres chargé de la réalisation du consensus

Déroulement de la conférence. Elle est publique et dure deux jours. Le jury engage sa responsabilité. Le jury doit élaborer les réponses aux questions posées sur le problème médical à évaluer, puis des recommandations.

Elaboration de recommandations. Les recommandations doivent être fondées sur des informations exactes, et se référer à un niveau de preuve prédéfini, explicite, et référencié [29], pour pouvoir constituer une aide dans la démarche diagnostique et thérapeutique. Elles peuvent porter sur :

- Le bilan risques- avantages de la procédure examinée ;
- Ses indications et conditions d'application optimales ;
- L'appréciation de son efficacité ;
- L'identification de procédures obsolètes ou expérimentales ;
- L'indication des incertitudes persistantes et des besoins de recherches complémentaires.

➤ **Les méthodes d'élaboration des recommandations**

Elles peuvent être séparées en deux catégories : les méthodes informelles ou « jugement subjectif » et les méthodes standardisées.

Ces dernières sont de trois types : les méthodes modélisant ou quantifiant l'avis d'experts, celles quantifiant le niveau de preuve scientifiques, et celles enfin qui combinent ces deux approches.

Cette classification repose sur le type de données privilégiées dans le processus d'élaboration de ces recommandations, dont il existe trois sources possibles : la littérature scientifique médicale, l'avis d'expert et l'investigation.

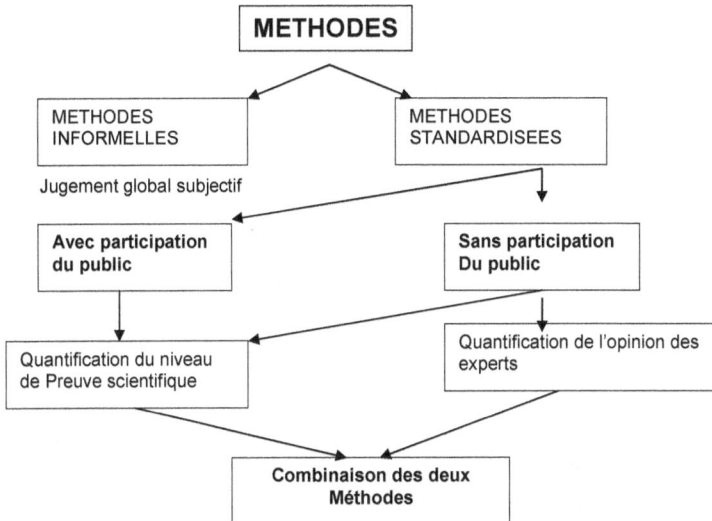

Figure 3 : Méthodes d'élaboration des recommandations pour la pratique clinique [28]

Ces recommandations qui doivent aboutir à une amélioration des pratiques médicales et professionnelles, doivent être [30, 31] :

- Développées selon un processus multidisciplinaire par les groupes de praticiens concernés,
- Valides, car fondées sur la totalité des informations disponibles (preuves scientifiques, opinions d'experts, enquêtes)
- Documentées selon une méthodologie explicite, argumentée et vérifiable,
- Détaillées en ce qui concerne les situations cliniques et les contextes de soins dans lesquels elles s'appliquent,
- Spécifique d'une situation clinique précise, après identification des situations exceptionnelles permettant leur flexibilité,
- Claires dans leur rédaction et dans leur présentation, pour favoriser une utilisation aisée en pratique quotidienne et une interprétation uniforme,
- Applicables en pratique, par leur adaptation aux moyens disponibles et leur précision des besoins humains, matériels et organisationnels nécessaires,
- Diffusées largement auprès de tous les professionnels et les patients concernés,

41

- Révisées régulièrement afin de ne pas devenir obsolètes alors qu'elles doivent constituer une référence durable.

Ces recommandations sont ensuite diffusées dans la presse médicale et scientifique, à l'attention du corps médical, et dans la presse générale pour le public.

I.2.1.3. L'audit médical

Pour D. Mellière [32], l'audit médical peut être défini ainsi:

L'audit évalue, à propos d'un problème de santé sélectionné en raison de son importance, l'écart entre les résultats obtenus et ceux qu'on est en droit d'attendre dans la structure de soins compte tenu des meilleurs résultats publiés dans la littérature et des possibilités locales.

Il faut compléter cette définition en précisant que l'audit a pour objectif de vérifier à la fois le bien-fondé de la démarche médical et la qualité des résultats obtenus, il constitue une évaluation rétrospective à partir de l'analyse des dossiers médicaux.

Les six étapes de l'audit médical [33, 34]

La première étape consiste dans *la sélection du problème à étudier*. Il convient de s'assurer que le sujet retenu ne soit pas trop vaste et que l'on dispose d'un groupe de malades suffisamment homogène pour mener à bien cette étude. Il faut ensuite déterminer très précisément le sujet choisi et les objectifs poursuivis.

La deuxième étape consiste à la *définition des critères de qualité* qui serviront pour l'étude. Ces critères doivent être clairs, peu nombreux, faciles à retrouver dans les dossiers médicaux, mesurables de façon simple, objectifs de la qualité des soins et admissibles par tous.

Lors de la troisième étape, il s'agit de *l'analyse rétrospectivement les dossiers médicaux* en séparant les dossiers conformes aux critères préétablis et les dossiers déviants.

Ces dossiers déviants sont analysés lors de la quatrième étape, afin de *rechercher deux explications aux écarts observés sur* et les dossiers déviants. Dans la pratique, ces deux étapes sont souvent réunies en une seule.

La cinquième étape, une fois les causes des déficiences mises à jour, s'attache à *fixer les actions correctives* et à les mettre en œuvre.

La sixième étape consiste en *une réévaluation afin de s'assurer de l'efficacité des mesures correctives* et de la qualité des soins obtenue, après un laps de temps, variant de six à douze mois selon les auteurs.

Outre la sensibilisation du corps médical à la qualité des soins, l'audit est particulièrement intéressant pour son apport pédagogique et par une relative simplicité de mise en œuvre.

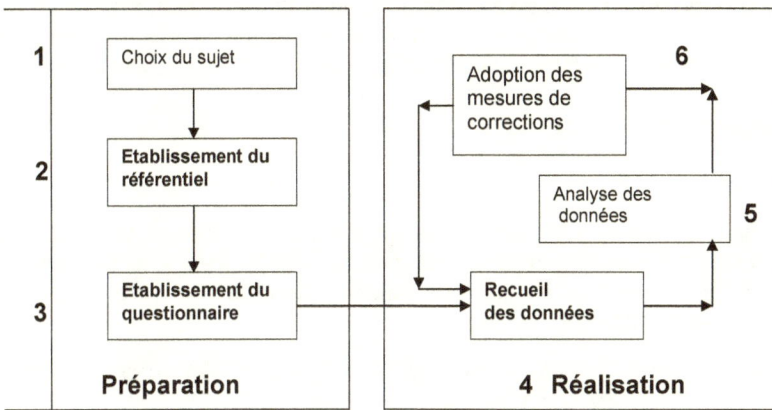

Figure 4 : Cycle de l'audit médical en médecine ambulatoire [35]

I.2.1.4 Outils de la démarche d'amélioration de la qualité [36]

I.2.1.4.1 Les outils d'analyse

A. *Le travail en groupe*

La constitution d'un groupe de travail est un passage obligatoire vers la qualité et l'assurance de la qualité. On montre facilement qu'un groupe va plus loin que le plus avancé de ses membres.

Les personnes engagées dans la vie de l'hôpital ou du service font en général beaucoup d'efforts pour assurer le fonctionnement « au mieux ».

La juxtaposition de ces efforts donne un résultat moyen bien que souvent considéré comme optimal. L'expérience prouve que l'optimum d'un ensemble ne correspond pas forcément avec l'optimum de chacun des éléments constituant cet ensemble.

Pour obtenir un fonctionnement durable dans les meilleures conditions, pour que la satisfaction des besoins du client soit atteinte à tous les coups, il ne suffit plus que chacun fasse de son mieux, il faut en plus que le groupe fonctionne dans les meilleures conditions.

Ainsi, le groupe de travail d'un service doit réunir les représentants de toutes les parties du service concernées et /ou impliquées dans le problème à résoudre. Il traitera en priorité des problèmes d'interface, de continuité dans le service.

B. *Le diagramme causes- effet*

➢ *Définition*

Le diagramme causes- effet sert à visualiser toutes les causes aboutissant à un effet donné, en les regroupant par classe ou famille. On l'appelle aussi diagramme d'Ishikawa ou en arête de poisson. Les méthodes de regroupement des causes sont multiples.

On utilisera suivant les cas, la méthode des 5 M (méthode, matière, machine, milieu, main d'œuvre) qui peut être élargi au 9 M (mémoire, mangement, mesure, monnaie), et la méthode QQOQCP (qui, quoi, où, quand, comment, combien, Pourquoi) ou les différentes phases du processus examiné.

➢ *Processus de construction*

1) Choisir la méthode de regroupement, 2) Recenser toutes les causes possibles, 3) Positionner les causes principales par famille, 4) Rechercher les causes plus fines, 5) Sélectionner les familles puis les causes les plus probables.

C. Le diagramme de Pareto

➢ *Définition selon le docteur Juran*

Joseph Juran est un des maîtres incontestés de la qualité. C'est lui qui a donné le nom de Pareto à cette méthode.

Economiste d'origine italienne, Pareto a établi la relation mathématique entre « les quelques-uns qui comptent et la multitude de ceux qui représentent peu ». Un nombre relativement réduit d'éléments (environs 20%) représente la quasi-totalité (environ 80%) du phénomène.

Ce principe s'applique parfaitement aux coûts de la non-qualité et aux causes de dysfonctionnement. 20% des causes (en nombre) conduisent à 80% des effets (en coût). Il a aussi souvent été utilisé dans les études marketing ou dans les études économiques.

On l'appelle alors méthode ABC. L'ensemble des valeurs est réparti en 3 classes selon qu'elles correspondent à 80% des effets (classe A), aux 15% suivants (classe B), ou aux derniers 5%.

> ### *Construction du diagramme*

1) Observation du phénomène, 2) Classement des évènements par ordre décroissant d'effet, 3) Cumul des effets, 4) Détermination des classes A, B et C :

Les causes de la classe A provoquent ensemble 80% des effets, les causes des classes A et B provoquent ensemble 95% des effets, et les autres causes forment la classe C.

D. L'analyse fonctionnelle

> ### *Définition*

C'est une méthode permettant de déterminer le juste besoin de l'utilisateur, de déterminer les fonctions attendues pour satisfaire ce besoin, de prendre en compte les contraintes d'utilisation, et de déterminer les solutions appropriées du service final avec des caractéristiques conduisant aux performances.

> ### *Principe*

Il est basé sur la méthode de construction de l'arbre fonctionnel qui prend en compte les fonctions, les performances, les solutions et leurs caractéristiques pour assurer les performances d'un processus.

Méthode de construction

Il s'agit de :

- décrire fonctionnellement le besoin,

- décomposer les fonctions sous forme arborescente,
- utiliser la trilogie : capter, transformer, et transmettre,
- superposer l'arbre du matériel,
- quantifier les performances des fonctions, les caractéristiques du matériel et les contraintes, et
- déduire les modes de défaillances, les causes et les effets de façon méthodique, hiérarchisée et complète.

Ces différentes étapes s'articulent autour de deux phases principales :

- Elaboration du cahier des charges fonctionnelles qui est l'expression fonctionnelle du besoin de l'utilisateur,

- Construction de l'arbre fonctionnel qui consiste en l'analyse fonctionnelle interne et en la conception de l'architecture fonctionnelle des solutions.

I.2.1.4.2 Les outils de construction

A. Le logigramme

Définition

Description graphique des enchaînements logiques d'une série d'opérations, ce type de document est largement utilisé pour transcrire un mode opératoire, un protocole, une procédure.

Méthode de construction

1) Identifier le début et la fin, 2) Identifier la chaîne principale, 3) Identifier les boucles, 4) Dessiner une première ébauche, 5) Affiner la présentation

B. Les tableaux de bord

> *Définition*

Les tableaux de bord utilisent les indicateurs. Un indicateur est un outil permettant de mesurer la situation de départ, l'avancement d'une action, l'atteinte d'un objectif.

Un tableau de bord est constitué d'une batterie d'indicateurs. Il favorise la responsabilisation, accroît la motivation, la prévention et la réactivité.

C'est par définition l'outil de pilotage d'un plan d'amélioration de la qualité. Il sera construit pour augmenter la visibilité et garantir la vigilance.

Différents indicateurs

- Indicateur externe : Taux de réclamation ; Indice de satisfaction ; notoriété
- Indicateur interne : Taux de non-conformités ; Temps d'attente des clients ; Non-respect des plannings d'occupation du bloc ou des matériels d'examen.

Caractéristiques des indicateurs

Un indicateur doit être le reflet de la réalité. Il doit couvrir la totalité du phénomène observé, de 0 à 100% si on observe un ratio. Il doit être précis, suffisamment fin, et mesurer efficacement les variations. Il doit être exact et fiable.

Il doit être pratique et reconnu par tous. Un indicateur trop complexe, qui demande un retraitement, ne sera pas lu, sera mal compris et certainement pas utilisé.

I.2.1.4.3 Les outils de contrôle

A. ADPCM : Analyse des points critiques pour leur maîtrise

Méthode

La méthode ADPCM a pour objectif de mettre en évidence les points critiques (notamment en ce qui concerne un processus de soins) afin d'en faciliter la maîtrise.

Pour cela, elle s'intéresse aux dangers potentiels de bio -contamination, aux points à maîtriser et aux critères de maîtrise des points critiques. Elle a pour principe de mettre en œuvre les actions correctives nécessaires et de les documenter, permettant ainsi d'assurer une traçabilité.

B. L'AMDEC des services de soins

Définition

Le sigle AMDEC signifie : analyse des modes de défaillance, de leurs effets et de leur criticité. Une AMDEC est définie comme "un procédé systématique pour identifier les modes potentiels et traiter les défaillances avant qu'elles ne

47

surviennent, avec l'intention de les éliminer ou de minimiser les risques associés.

> **Principe**

Cette méthode est fondée sur l'observation des défaillances antérieures dans des processus similaires et sur la mesure de trois paramètres : la fréquence, la gravité, la non -détection. Ces trois critères sont indépendants et caractérisent la criticité d'une défaillance.

Méthode

Une défaillance apparaît d'abord comme le mauvais fonctionnement d'un produit ou d'un appareil (c'est l'origine de la méthode). Etendue au domaine des services, cette méthode concernera essentiellement les dysfonctionnements.

Appliquée aux services de soins, elle s'intéressera eux erreurs de traitement, aux erreurs de transmission d'information et à la multiplication injustifiée des examens, par exemple.

La particularité de la méthode AMDEC est justement de dépasser cette seule notion d'effet et d'y ajouter la notion de criticité. La criticité permet d'évaluer précisément l'effet.

Les activités de la méthode AMDEC se conduisent selon les 9 étapes méthodologiques suivantes :

• Définir les objectifs et les limites de l'étude
• Réunir les acteurs concernés par l'étude
•Etablir la séquence des étapes du processus sous forme d'un enchaînement d'actions
• Repérer l'effet de chaque défaillance potentielle sur le processus
• Identifier les causes des défaillances potentielles par séquence
• Attribuer à chaque défaillance une note selon la gravité (G), la probabilité d'occurrence (O), la probabilité de non- détection (D).
• Calculer la valeur de la criticité (produit des trois notes précédentes)
• Choisir la valeur de criticité pour laquelle le risque est acceptable
•Engager des plans d'action pour les valeurs de criticité les plus importantes.

CHAPITRE III

DOMAINES DE MISE EN ŒUVRE DE L'EVALUATION MEDICALE

I.3 DOMAINES DE MISE EN ŒUVRE DE L'EVALUATION MEDICALE

I.3.1 Amélioration de la qualité en établissement de santé

I.3.1.1 Qualité dans les établissements de santé

Le fondement de la qualité des soins était jusqu'à présent considéré essentiellement dépendant de la bonne formation des professionnels des établissements de santé.

Cette qualité liée aux personnes, a été complétée par la qualité des structures avec l'apparition de standards, normes et règlements, permettant d'en évaluer la conformité. Cette approche a permis d'améliorer l'équipement et l'organisation des établissements et la performance médicale [37].

Elle a cependant vite trouvé ses limites pour apporter plus d'informations sur la qualité des processus et la qualité des résultats, entraînant la constitution d'un consensus pour indiquer que l'on ne peut présumer de la qualité sur la seule existence d'une autorisation à délivrer tel ou tel soin [38].

Avec la mesure de la satisfaction des patients qui introduit le point de vue de ceux-ci dans l'appréciation du résultat [39], l'évaluation de la qualité des soins se déplace progressivement d'une approche centrée sur les structures, vers une approche centrée sur le patient.

Cette évolution des idées permet de rendre acceptable la qualité définie par l'ISO comme étant l'« **ensemble des propriétés et caractéristiques d'une entité qui lui confèrent l'aptitude de satisfaire à besoins exprimés et implicites** » [40].

Par ailleurs, afin de rendre plus opérationnelle la qualité des soins et des services, il est utile de se référer à ses différentes composantes proposées par la JCAHO aux Etats-Unis [41], qui sont :

- l'accessibilité,
- l'acceptabilité,
- le caractère approprié,
- la continuité, la délivrance au bon moment,
- l'efficacité,
- l'efficience et la sécurité.

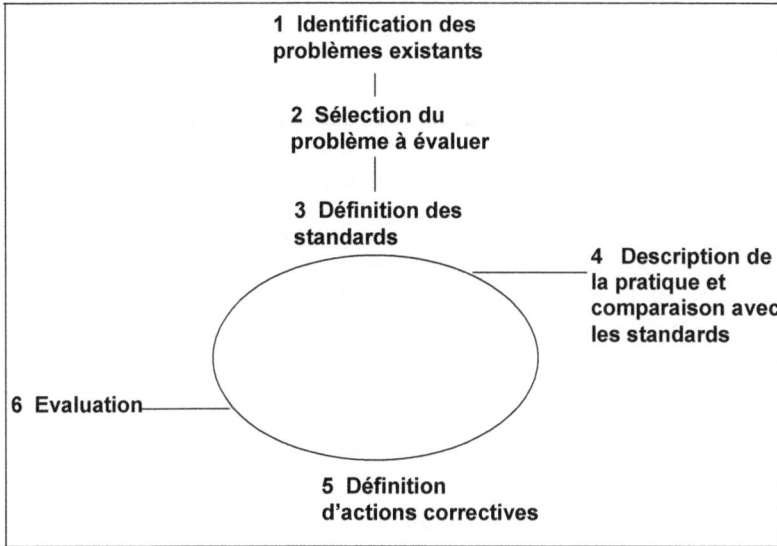

Figure 5 : Cycle de l'amélioration de la qualité des soins [40]

I.3.1.2 Différentes démarches qualité

Selon l'AFNOR [41], elles ont pour objet à partir de la définition d'une politique et d'objectifs, de gérer et assurer le développement de la qualité en s'appuyant sur un système qualité mis en place et en utilisant divers outils propre à faciliter l'obtention des objectifs fixés.

L'analyse de l'évolution des théories et démarches concernant la qualité permet d'identifier quatre approches possibles :

Contrôle qualité. Ce sont des activités telles que mesurer, examiner, essayer ou passer au calibre une ou plusieurs caractéristiques d'une entité et de comparer les résultats aux exigences spécifiées en vue de déterminer si la conformité est obtenue pour chacune de ces caractéristiques [41]. Associé à la recherche des causes des anomalies, il permet d'avoir une action préventive en amont.

Assurance de la qualité. C'est l'ensemble des actions préétablies et systémique pour donner la confiance appropriée qu'un produit ou service satisfera aux exigences relatives à la qualité [41]. Elle vise à garantir un niveau constant de qualité grâce à une organisation spécifique.

Amélioration continue de la qualité. Méthodologie développée par Deming et Juran qui repose sur l'idée que la qualité peut être continûment améliorée en utilisant des techniques fiables pour étudier et perfectionner un processus [43].

Management total de la qualité. Mode de management d'un organisme, centré sur la qualité, basé sur la participation de tous ses membres et visant au succès à long terme par la satisfaction du client et à des avantages pour tous les membres de l'organisme et pour la société [41].

I.3.2 Etude de la satisfaction des patients

I.3.2.1 Pertinence des études de satisfaction des patients

L'évaluation de la qualité des soins doit tenir compte non seulement du niveau technique des prestations médicale, mais également de la façon dont les patients perçoivent et jugent leur pris en charge [44,45].

En effet, certains auteurs [46,47] ont montré que la satisfaction était liée au suivi thérapeutique, à la continuité des soins, et dans certains cas, au pronostic clinique.

Le niveau de satisfaction des patients permet d'estimer l'écart entre l'attente des malades et les soins reçus. Ces attentes des malades portent sur divers aspects de l'organisation des structures de soins (procédures administratives, organisation de l'accueil, confort, délais d'attente, modalités de paiement...).

Elles peuvent également porter sur les procédures de soins elles-mêmes (prise en charge de la douleur, des problèmes sociaux ou psychologiques, information médicale, relations avec l'équipe soignante, comportements des soignants...) [48].

L'évaluation de la satisfaction, tout comme la mesure de la qualité de vie, confronte immédiatement aux difficultés méthodologiques de mesure, inhérentes à la prise en compte d'un paramètre subjectif et multidimensionnel.

Le problème de validation métrologique des instruments de mesure se pose donc en premier lieu, est résolu par la mise en œuvre d'enquêtes et analyses statistiques spécifiques.

I.3.2.2 Méthodes de mesure de la satisfaction

Méthodes qualitatives

Les études qualitatives de la satisfaction sont de deux types : enquêtes d'observation comportant des interviews non directives réalisées sur de petits groupes de patients, ou études comportant des questionnaires conçus autour de questions ouvertes. Une phase d'analyse du contenu des réponses des patients est nécessaire.

La méthode de critique d'incident qui représente un exemple de technique bien standardisée, se caractérise par une interview construite de façon à recueillir les observations et les problèmes rencontrés par le patient à chaque phase de sa prise en charge, les données étant recueillies à l'issue des soins [49,50].

L'analyse des plaintes, qui fait partie intégrante de la politique de gestion des risques des établissements de soins, est également très utile pour identifier les causes d'insatisfaction les plus importantes.

Méthodes quantitatives

Les études quantitatives réalisées sur des échantillons représentatifs de la population cible, utilisent les questionnaires fermés, et permettent de calculer des indices de satisfaction (pourcentage et/ou moyenne).

L'objectif est donc surtout analytique (recherche de facteurs liés à la satisfaction), la satisfaction étant utilisée comme un indicateur de résultat.

I.3.3 Evaluation de la qualité des soins infirmiers

I.3.3.1 Qualité des soins infirmiers

Le système de soins est un ensemble complexe nécessitant la mobilisation des capacités de l'ensemble des professionnels pour réussir sa mission première qui est de soigner, donc d'offrir un service qui réponde le mieux possible aux besoins et aux attentes de la personne [51].

Aussi, l'inscription des actes de soins dans une démarche pluridisciplinaire reconnaissant la complémentarité des savoir-faire, l'interdépendance des rôles des acteurs et ses exigences dans un processus transversal de prise en charge centré sur la personne, représente-t-elle un facteur clé de la qualité des soins.

La diversité des métiers de l'hôpital constitue une richesse en termes de savoir-faire réunis, mais rend parfois difficile la coordination des activités.

L'enchaînement logique et sans faille des pratiques impose à chaque intervenant du processus de soins de se situer dans une relation de type client-fournisseur interne.

Par ailleurs, les acteurs de la santé, conscients de la variabilité des pratiques dans un système complexe avec des secteurs de haute technicité, ont toujours cherché à améliorer les soins par la mise en œuvre de projets, le plus souvent isolés. Mais des méthodes ayant fait leur preuve facilitent aujourd'hui la mise en place de démarche d'amélioration de la qualité des soins.

I.3.3.2 Méthode d'évaluation des pratiques professionnelles : l'audit clinique.

Elle est définie par l'ANAES comme « *une méthode d'évaluation qui permet à l'aide de critères déterminés de comparer les pratiques de soins à des références admises en vue de mesurer la qualité de ces pratiques et des résultats de soins avec l'objectif de les améliorer* » [42].

Ce processus favorise la mesure objective de la conformité des pratiques aux critères préalablement définis et à la mise en œuvre d'un plan d'amélioration.

Il s'applique bien à l'évaluation des pratiques professionnelles et, parmi celles-ci les soins à risque constituent un champ prioritaire.
La référence admise pour un soin donné fait partie intégrante du protocole de soins appelé aussi référentiel de pratique, qui permettent un langage commun au soin des équipes.

Objective et concrète, fondée sur la participation des professionnels, la méthode d'audit clinique favorise une réflexion sur l'amélioration continue de la qualité des soins.

I.3.4 Evaluation des pratiques en médecine générale

I.3.4.1 Pratique en médecine générale

Bien qu'ayant débuté dans le milieu hospitalier, l'évaluation des pratiques médicales et la recherche d'une qualité des soins toujours meilleure tend à envahir progressivement tous les domaines de la santé, en particulier la médecine générale qui aujourd'hui considérée comme une discipline à part entière qui joue un rôle central dans les systèmes de santé [52].

Ainsi, dès 1997 a été mis en place en Angleterre, l'évaluation des pratiques professionnelles du généraliste par les pairs, qui devenue une nécessité ainsi qu'un programme de sensibilisation à la méthodologie de l'audit clinique et de l'évaluation des pratiques médicales.

Cette évaluation par le praticien lui-même ne s'opposant pas à celle qui peut être initiée de l'extérieur, par d'autres professionnels de la santé, les consommateurs etc.

Par ailleurs, lorsque l'on la compare à l'ensemble des autres spécialités, la médecine générale tient son originalité à la fois de son large champ d'action et de son implication complexe dans le système de santé.

Premier recours habituel du patient, le médecin généraliste s'adresse à tous les usagers sans restriction, ni distinction d'âge, de sexe ou de pathologie [53].

Il doit coordonner les soins en organisant les recours aux autres intervenants de la santé, et participer à la réalisation d'objectifs locaux de santé publique. Ainsi, le résultat réel de l'intervention du généraliste et sa participation aux soins sont difficiles à évaluer.

I.3.4.2 Médecine générale et recommandations professionnelles

De 1990 à 1998, l'ANDEM puis l'ANAES ont produit, selon des principes méthodologiques rigoureux, cent recommandations dont une vingtaine pour la pratique clinique et soixante dix-neuf textes de références médicales.

Parmi ces recommandations dont les généralistes ont été impliqués à tous les stades de l'élaboration, plus de la moitié étaient orientée vers la médecine générale ou médecine ambulatoire.

Cependant, de nombreux problèmes restent à résoudre pour que les recommandations atteignent pleinement leurs objectifs : améliorer la qualité des soins, réduire la variabilité et l'incertitude dans la prise de décision médicale, contrôler les coûts liés aux soins.

L'impact des recommandations sur les pratiques paraît difficile à mesurer, les tentatives faites à ce jour [54] laissant penser que l'impact existe mais qu'il est modeste.

I.3.5 Evaluation des pratiques de laboratoire de biologie médicale

I.3.5.1 Pratiques de la biologie médicale

Eléments déterminants de toute démarche clinique méthodologique à visée diagnostique, les résultats des analyses fournis par les laboratoires de biologie médicale, sont souvent précieuses voire indispensables à la décision thérapeutique du praticien.

A l'instar de l'acte de soins clinique, l'acte de biologie médical qui s'intègre dans le processus de prise en charge du patient, fait intervient dans les différentes phases de sa réalisation (étape pré-analytique, analytique et post-analytique), un nombre varié de professionnel qualifié dont l'élément central est constitué par le biologiste.

La nécessité de l'établissement de réglementations dans certains pays (GBEA) [55] et de normes internationales (ISO 15189) [56] s'est vite imposée aux professionnels du secteur des laboratoires, soucieux laboratoires désireux de promouvoir une démarche qualité dans les prestations fournies.

A cet effet, l'évaluation de la qualité des prestations fournies par le laboratoire qui doit concerner toutes dimensions du fonctionnement du laboratoire (institutionnelles, techniques, financières, relationnelles sécuritaires, etc).

Elle constitue une étape initiale indispensable à une démarche de mise sous assurance qualité des pratiques du personnel [57, 58,59], à travers l'identification des dysfonctionnements qu'elle permet de déceler.

I.3.6 Evaluation clinique et économique des technologies médicales

I.3.6.1 Innovations technologiques en matière de santé

Le terme « technologie médicale » au sens large inclut les techniques, médicaments, appareillages et procédures utilisés par les professionnels de la santé pour proposer des soins et les systèmes dans les quels soins sont délivrés. De nos jours, ces technologies sont devenues indispensables à l'exercice de la médecine [60].

Ces technologies sont destinées à être utilisées à des fins de : 1) diagnostic, de prévention, de contrôle, de traitement ou d'atténuation d'une maladie, 2) diagnostic, de contrôle, de traitement, d'atténuation ou de compensation d'une blessure ou d'un handicap, 3) étude, de remplacement ou de modification de l'anatomie ou d'un processus physiologique.

Selon l'Institut of médicine [61], l'évaluation des technologies de soins est une démarche dont l'objet est d'examiner les conséquences à court et à long terme, de l'usage d'une technologie particulière sur les individus et sur la société.

Au cours de ces dernières années, la nécessité d'une évaluation des innovations médicales ı s'est imposée comme une évidence dans la rationalisation des décisions d'allocation des ressources budgétaires de l'hôpital.

Cela à mettre en relation avec le rythme accéléré des innovations en médecine et la part sans cesse croissante de la progression des dépenses de santé s'y afférant.

En effet, l'innovation technologique en matière de santé devant être introduite et diffusée de manière contrôlée, l'intégration d'une technologie dans une stratégie médicale doit respecter des critères d'efficacité technique (sécurité et efficacité clinique) et économique (rentabilité pour la collectivité).

L'utilité d'une technologie peut être mesurée grâce à l'évaluation qui répond à une méthodologie rigoureuse.

I.3.6.2 Méthode d'évaluation des innovations technologiques

L'évaluation technologique passe par différentes étapes formalisées par certains auteurs sous le terme de « cycle des différentes étapes de l'évaluation technologique » [62], qui a été adaptée du modèle en trois étapes (qualité, sécurité, efficacité) d'évaluation du médicament, avec de nombreuses particularités :

-la qualité : Il s'agit de la conformité, des normes de fabrication, du contrôle et/ou de l'assurance qualité,

-*la sécurité* : Si quelques essais sont effectués pour tester les technologies médicales, rien ne semble encore standardisé.

-*l'efficacité* : une technologie doit être efficace et utile. Les principes de méthodologie en recherche clinique devant être respectés.

Ainsi, l'évaluation technologique est plus qu'un simple processus d'assurance qualité des techniques, mais constitue un argumentaire objectif fondé sur l'état des connaissances permettant d'aider la prise de décision.

Elle repose sur une synthèse objective des connaissances scientifiques, cliniques, et économiques, mais aussi sur la participation systématique de groupes d'experts.

Cette participation de groupes d'experts a pour rôle d'aider, à partir des critères de qualité [63, 64], à la synthèse de l'information scientifique, de commenter les documents produits, de faire des propositions et de valider le document final.

L'évaluation des technologies médicales est plus qu'un processus d'assurance qualité des techniques. C'est un argumentaire objectif fondé sur l'état des connaissances permettant d'aider à la prise de décision.

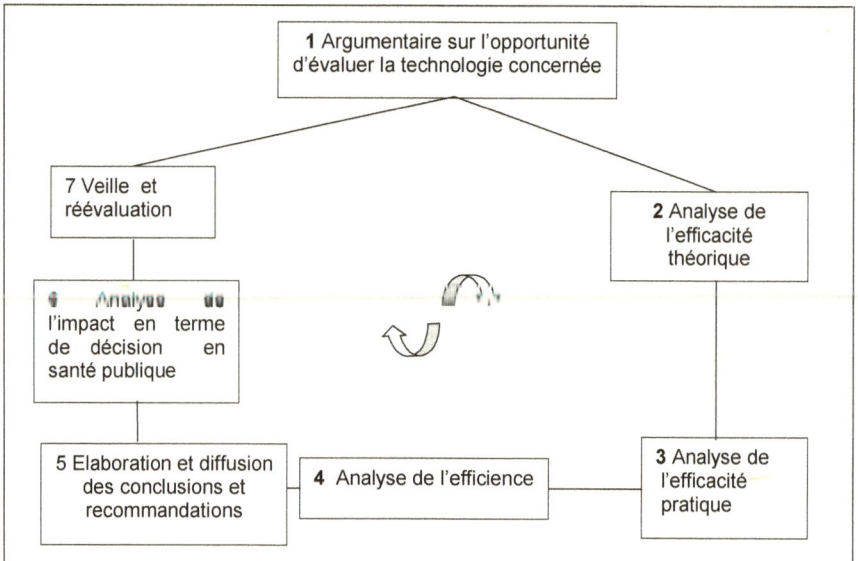

Figure 6 : Cycle des différentes étapes de l'évaluation des technologies médicales [62]

CHAPITRE IV

MODES D'ORGANISATION DE L'EVALUATION MEDICALE

I.4 MODES D'ORGANISATION DE L'EVALUATION MEDICALE

I.4.1 Liens entre évaluation, qualité, gestion des risques et accréditation à l'hôpital

I.4.1.1 Etapes du développement des concepts

Dans les pays développés, les établissements de santé ont développé depuis plusieurs années des travaux d'évaluation de la qualité des soins basés le plus souvent à partir de la démarche de l'audit clinique.

Cette méthode a permis de sensibiliser les professionnels de santé aux méthodes de synthèse de l'information technique médicale pour l'élaboration de recommandations pour la pratique clinique, aux méthodes de diffusion de ces recommandations, et enfin aux méthodes permettant de mesurer l'impact de cette diffusion [65].

Plus récemment, des travaux, s'inspirant de l'expérience industrielle en matière de qualité, ont montré la nécessité de *compléter l'évaluation des pratiques professionnelles telles que développée jusqu'à maintenant dans les établissements de santé, par la prise en compte des éléments organisationnels qui vont influer sur la qualité globale du processus de soins.*

Cette démarche est d'autant plus pertinente que les processus de soins sont complexes, que les intervenants sont nombreux auprès d'un même patient, et que les risques de non qualité se situent aux interfaces entre plusieurs intervenants.

La qualité du résultat final va dépendre autant du caractère approprié des pratiques cliniques de chaque intervenant, que l'organisation et des procédures mises en place dans l'établissement [66].

L'absence de procédures écrites dans de nombreux domaines de l'activité de soins explique la prépondérance des problèmes d'organisation dans les situations de non qualité ou de risque à l'hôpital.

A cet effet, les méthodes qualité empruntées au monde industriel, peuvent être développées de manière complémentaire à l'évaluation des pratiques professionnelles afin de fournir des outils et des méthodes visant à formaliser l'organisation interne des structures de soins.

La mise en place de ces démarches à l'hôpital, repose sur le principe que la qualité des prestations de soins et de services, dépend des moyens à la fois techniques, humains et organisationnels mis en œuvre par l'établissement.

Les trois objectifs principaux de la démarche qualité à l'hôpital sont : 1) obtenir la confiance des patients sur des bases incontestables, 2) améliorer de façon continue la qualité des prestations de soins et des services, et 3) gérer les risques de la non qualité pouvant survenir aux différentes étapes de la prise en charge du patient.

I.4.1.2 Assurance qualité

L'assurance qualité dont la réalité de la mise en place est obtenue par les audits externes, répond à la première des exigences de ces démarches qui est la notion de confiance [67], par la mise en conformité avec un référentiel existant en matière d'assurance qualité qui regroupe deux notions-clés :

-*la notion de prévention* : l'amélioration de la qualité passe par une analyse méthodique des causes de dysfonctionnements, et par la mise en œuvre d'actions correctives avant l'obtention du produit final (méthode à priori).

-*la notion de « confiance »* où le client doit avoir la preuve que l'entreprise s'est dotée des moyens nécessaires pour maîtriser les risques d'erreurs.

Ce besoin de reconnaissance des actions menées se traduit en particulier, par la nécessité de formalisation écrite des solutions mises en place pour prévenir les dysfonctionnements (procédures).

Les référentiels "qualité" sont schématiquement de deux types :

- référentiels non spécifiques qui vont définir les principales exigences que doit comporter le système qualité d'un établissement quelque soit le type d'activité (ISO), et

- les référentiels spécifiques qui définissent les exigences de qualité de fonctionnement par rapport à un métier donné tel le GBEA ou les standards de qualité des soins [68].

I.4.1.3 Amélioration continue de la qualité

C'est une méthode qui repose sur le découpage de l'activité hospitalière en une série de « processus » qu'il convient d'analyser dans leur fonctionnement, afin d'en améliorer la qualité [69].

Il n'existe pas de référentiel a priori et l'amélioration est basée sur une méthode participative où chaque acteur du processus étudié contribue à définir les actions d'amélioration.

La transposition de cette démarche à l'hôpital est basée sur le principe que tout établissement de soins peut être considéré comme un ensemble complexe de tâches à réaliser.

Ces tâches peuvent être regroupées en « processus » par rapport à un objectif à réaliser. Cette approche méthodologique s'avère particulièrement adapté au secteur hospitalier, et constitue à ce titre une référence pour l'initiation d'une démarche qualité dans un établissement de santé.

La méthode d'amélioration continue de la qualité est fondée sur les quatre étapes suivantes [70] :

- Analyse méthodique du processus concerné et son déroulement,
- Identification des principaux dysfonctionnements et leur origine,
- Définition des actions d'amélioration qui constituent le référentiel qualité,
- Evaluation par la conception d'indicateurs et d'un dispositif reposant sur la réalisation d'audits qualité qui permettent de suivre et de maintenir le niveau de qualité souhaité.

I.4.1.4 Gestion des risques à l'hôpital

Volet à part entière d'une politique d'amélioration continue de la qualité dans un établissement de santé, la gestion des risques est une méthode spécifique orientée sur le repérage, la prévention et le contrôle d'un certain nombre de risque à l'hôpital [71].

La gestion des risques dans le domaine de la santé inclut toutes les procédures nécessaires à réduction du risque qu'il soit clinique ou non, concernant aussi bien les risques encourus par les patients et leur famille, que par le personnel de l'établissement de santé.

La mise en place d'un programme de gestion des risques à l'hôpital reprend les quatre étapes de tout projet d'amélioration de la qualité que sont :

- identification des situations à risques,
- évaluation des risques : fréquence, gravité, circonstances de survenue, coût…,
- mise en place d'actions de prévention, de mesures correctives,

– évaluation dont l'efficacité peut être mesurée en particulier par le suivi d'indicateurs de facteurs de risques.

I.4.1.5 Accréditation

L'accréditation est également un dispositif externe d'évaluation de l'hôpital, qui se caractérise par une appréciation portée par un organisme extérieur à l'établissement de santé, en fonction de la conformité de l'établissement à un ensemble de critères explicites et connus par les deux parties.

Il s'agit d'une procédure d'évaluation externe à un établissement de santé, effectuée par des professionnels, indépendante de l'établissement de santé et de ses organismes de tutelle, concernant l'ensemble de son fonctionnement et de ses pratiques.

Elle vise à assurer que les conditions de sécurité et de qualité des soins et de prise en charge du patient sont prises en compte par l'établissement de santé.

En France, elle est réalisée par l'ANAES qui accrédite des établissements de santé publics et privés mais également des réseaux de soins et des groupements de coopération sanitaire [72].

A cet effet, il établit avec les acteurs du système de santé, des référentiels conçus pour apprécier l'organisation, les procédures et les résultats attendus en termes de gain de santé et satisfaction du patient.

L'accréditation se distingue des démarches d'autorisation, d'agrément ou d'homologation qui référence à des actes administratifs pris par les autorités sanitaires pour la mise en œuvre ou le renouvellement d'une installation ou d'une activité de soins.

I.4.2 Structures nationales de l'évaluation médicale [73]

L'évaluation ne peut être le fait des seules initiatives individuelles. Pour fonctionner, elle nécessite des structures, parfois même très importantes, comme c'est le cas aux Etats-Unis.

I.4.2.1 Structures de l'Amérique du nord

I.4.2.1.1 Les Etats-Unis

La pratique de l'évaluation étant développée depuis longtemps aux Etats-Unis, les structures nationales sont nombreuses puisqu'il existe plus de quarante organismes.

Seuls les principaux seront cités ci-dessous en distinguant les organismes dépendant du Congrès ou de l'administration et des organismes privés :

L'office of Technology Assessment of the Congress of the United States (OTA), créé en 1972, est un organisme placé auprès du Congrès et chargé de lui fournir des études objectives sur les principales implications politiques, sociales et éthiques des grandes évolutions scientifiques et techniques. L'OTA comporte neuf sections, dont une travaille sur le domaine de la santé. Les rapports de l'OTA font ensuite l'objet d'une diffusion au public.

L'Office of Health Technology Assessment (OHTA) depend du National Center of Health Services Research. Il est chargé de promouvoir la recherche sur l'organisation des soins et des services de santé.

L'OHTA intervient essentiellement pour la Health Care Financing Administration, organisme gestionnaire du programme Medicare destiné aux personnes âgées. L'OHTA émet des avis techniques et cliniques en matière d'évaluation des technologies médicales, nouvelles ou anciennes.

La Prospective Payment Assessment Commission (PROPAC) a été constituée en 1983 par l'OTA, à la demande du Congrès, afin d'assurer auprès du Health and Human Services (ministère de la Santé) un rôle de conseil sur les évolutions du système des Diagnosis Related Groups (DRG). Elle est également chargée de la promotion de la qualité des soins.
Le Council on Health Care Technology a été créé en 1986, à l'intérieur de l'Institute of Medicine of the National Academy of Sciences, avec la mission de promouvoir le développement et la pratique de l'évaluation des soins afin d'améliorer la qualité des soins et le bien-être des patients.

L'Office of Medical Applications of Research of the National Institutes of Health (OMAR) a été créé en 1978 et chargé de développer en liaison avec les instituts du National Institute of Health des actions d'évaluation, de synthèse et de diffusion des connaissances, dont les conférences de consensus mentionnées plus haut.

L'objectif de l'OMAR, qui mérite d'être souligné, est de diffuser au corps médical les résultats de la recherche dans le but de contribuer à l'évolution des pratiques médicales.

Le Clinical Efficiency Assessment Project of the American College of Physicians (CEAP) réalise des évaluations de technologies médicales en liaison avec des organismes d'assurance, notamment Blue Cross-Blue Shield.

La Joint Commission on Accreditation of Healthcare Organizations (JCAHO), précédemment JCAH, a été créée en 1951, mais l'histoire de l'accréditation aux Etats-Unis a commencé en 1917 lorsque le collège des chirurgiens a défini les cinq premiers standards de qualité.

La JCAHO est un organisme indépendant auquel les hôpitaux adhèrent volontairement afin de pouvoir être accrédités. L'accréditation signifie que ces établissements satisfont à un certain nombre de normes de qualité vérifiées par la JCAHO.

La JCAHO regroupe trois fonctions principales décrites en partie ci-dessous : l'établissement des normes de qualité, l'évaluation et l'accréditation des hôpitaux, le conseil pour les hôpitaux ayant des problèmes de qualité.

Aux Etas-Unis, l'accréditation reste une procédure non obligatoire, et pourtant la quasi-totalité des hôpitaux réclament l'inspection de la JCAHO.
Cette démarche est justifiée par l'utilisation de ce label, par les établissements, dans le domaine des relations publiques. L'agrément constitue une référence auprès des financeurs et des usagers.

I.4.2. 1. 2 Le Canada

Le Canada a développé, lui aussi, depuis longtemps des structures d'évaluation, et notamment, une structure d'accréditation, le Conseil canadien d'accréditation des hôpitaux, qui fonctionne selon des principes identiques à ceux de la JCAHO.

La corporation professionnelle des médecins du Québec exerce un contrôle professionnel qui peut prendre la forme soit d'une évaluation de l'usage fait par un groupe de praticiens d'une technologie spécifique, soit d'inspections individuelles professionnelles.

Le Conseil d'évaluation des technologies de la santé, créé en 1988, a pour rôle de définir une stratégie d'évaluation des techniques, et particulièrement des techniques nouvelles, et de conseiller le ministère de la Santé.

I.4.2.2. L'Europe

Plusieurs pays européens se sont dotés de structures d'évaluation, tels les Pays-Bas où le Health Council, organisme indépendant créé en 1956, est chargé d'un rôle de conseil auprès du gouvernement dans le domaine de la santé et de la protection de l'environnement.

L'Organisation nationale pour la qualité des soins hospitaliers aux Pays-Bas (CBO) est aussi un organisme indépendant, fondé en 1979, pour promouvoir et soutenir les programmes d'assurance de la qualité des soins dans le cadre de la pratique médicale hospitalière.

La Suède, avec notamment le Conseil suédois pour la recherche médicale, le Conseil national du bien-être et la santé, le Danemark, avec notamment le Conseil national de la santé, le Conseil pour la recherche médicale, le Danish Hospital Institute, et l'ensemble des pays scandinave pour l'évaluation des techniques médicales, participent à la création de structures d'évaluation.

Un certain nombre de pays, sont l'Espagne, l'Italie et la Belgique, ont depuis peu des lois instituant des programmes d'évaluation de la qualité des soins dans les hôpitaux publics.

I.4.2.3. Cas particulier de la France

Le Comité national pour l'évaluation médicale a été installé en 1987. Son rôle était de promouvoir et de développer l'évaluation médicale en milieu hospitalier et en médecine de ville, de constituer une aide et une référence méthodologique aux actions d'évaluation future, de diffuser l'information et de favoriser l'organisation de colloques scientifiques et de conférences de consensus.

L'Agence nationale pour le développement de l'évaluation médicale (ANDEM) a été officiellement inaugurée en avril 1990. Elle a pour fonctions de :

1) Rassembler la documentation nationale et internationale sur la question ;

2) Inciter à la formation des spécialistes en évaluation ;

3) Réaliser et assurer le suivi technique des évaluations et des études sélectionnées par son conseil scientifique ;

4) Diffuser les résultats de ces évaluations.

Le financement mixte de l'Agence, pour partie par le budget de l'Etat et pour partie par la Caisse nationale d'assurance maladie, doit lui permettre de travailler en toute indépendance. Le fonctionnement de l'Agence est assuré par dix personnes : médecins chargés d'études, documentalistes et spécialistes en communication.

En 2005, création de la Haute Autorité de la Santé (HAS), en remplacement de l'Agence nationale d'accréditation et d'évaluation en santé (ANAES) fondée en 1996 pour remplacer l'ANDEM.

L'HAS a pour mission de favoriser, tant au sein des établissements de santé publics que privés, que dans le cadre de l'exercice libéral, le développement de l'évaluation des soins et des pratiques professionnelles ainsi que de mettre en œuvre la procédure d'accréditation des établissements de santé.

I.4.2.4 L'Afrique

> **Développement de la démarche qualité dans les services**

Ce n'est que très récemment que la démarche qualité a commencé à faire l'objet d'attention dans les pays en voie de développement, et plus particulièrement en Afrique.

Et c'est le monde des affaires pour des raisons évidentes de compétitivité internationale qui a commencé à implanter le concept de la maîtrise de la qualité dans les systèmes de production sur le continent africain.

Cependant, l'insuffisance des politiques nationales de sensibilisation et d'information des acteurs de la vie économique et sociale en Afrique sur les enjeux de la qualité [x], freine actuellement son appropriation à une plus grande échelle.

Bien qu'il s'agisse d'une approche mieux développée dans le milieu industriel, ce n'est que dans le courant des années 1990 que le secteur de la santé, conçoit l'intégration de ce concept dans la prise en charge des patients.

Ainsi dans les établissements de santé, le terme de client se substitut désormais à celui de patient, ce qui permet d'avoir une autre perception des relations médecins- malades. La composante « droits des malades » devient visible et les personnels de santé voient leurs prérogatives se réduire progressivement.

Ils doivent de plus en plus négocier avec leurs « clients- patients » qui revendiquent des droits comme ceux des pays développés, sur l'accessibilité à des traitements nouveaux et de qualité. En clair, ils exigent plus de performance en termes d'efficacité et de coût.

Au vu de ce nouveau défi pour les systèmes de santé sur le continent africain qui est lié à la standardisation des systèmes d'offres de soins de santé devant désormais répondre à des normes internationales de qualité, des programmes gouvernementaux de promotion de la qualité des soins ont vu le jour dans la plupart des pays, appuyés par les agences de coopérations internationales telles que l'OMS.

Par ailleurs, dans un contexte de participation des populations au recouvrement des coûts des soins et de croissance exponentielle des dépenses de santé, la question de l'évaluation des pratiques médicales s'impose également aux pouvoirs publics en Afrique.

Il s'agit de savoir comment les systèmes de santé peuvent contribuer à fournir des prestations de soins de qualité aux populations, tout en faisant baisser le coût de la prise en charge thérapeutique pour les budgets des Etats et les usagers des formations sanitaires.

➤ En Côte d'Ivoire

A. Création du Groupe Ivoirien pour l'Assurance Qualité (GIAQ)

Cette démarche de promotion de l'évaluation médicale et de la qualité des soins, à la particularité d'avoir été initiée à partir de 1988 par les professionnels du secteur des laboratoires avec la création du GIAQ.

Cette création est partie du constat de la variabilité des résultats des analyses fournis par les laboratoires publics comme privés, et des critiques persistantes de certains clients et partenaires au développement.

En effet, l'importance des services de laboratoires d'analyses dans le soutien des activités de soins médicaux et d'hygiène alimentaire n'était plus à démontrer, tant leur capacité à répondre aux besoins exprimés, conditionne la qualité des résultats rendus et l'efficience du système de production des services, et tout particulièrement la qualité des soins délivrés aux patients.

En outre, ces professionnels étaient également conscients de l'évolution considérable et rapide des disciplines biologiques, la complexité de l'arsenal technologique disponible et la tendance à la mondialisation des procédures opératoires.

Ces évolutions imposent à tous les pays une compétence et une adaptabilité des laboratoires aux exigences de la démarche qualité dans leur fonctionnement et leurs prestations.

Ainsi, Les objectifs poursuivis par le Groupe Ivoirien pour l'Assurance Qualité, étaient de :

1. Evaluer l'état d'implantation du système de management de la qualité dans les laboratoires de biologie médicale en Côte d'Ivoire,
2. Objectiver les difficultés et les obstacles au développement des systèmes de management de la qualité dans les laboratoires et du cadre institutionnel,
3. Promouvoir l'harmonisation des pratiques professionnelles dans les laboratoires dans la perspective de l'amélioration continue des prestations,
4. Accompagner les laboratoires dans la mise en place des systèmes qualité et à la mise en œuvre de programmes de contrôle de qualité interne et externe,
5. Visualiser les mesures prises et celles encore à prendre pour accélérer l'introduction de la démarché qualité au sein des établissements de soins.

B. Stratégie et Méthodologie utilisées en Côte d'Ivoire par les professionnels des laboratoires

Les éléments clés utilisés par les professionnels du secteur des laboratoires pour la mise en place d'un système qualité sont : le management, les référentiels (normes), la documentation, le suivi et l'évaluation et la formation ou le renforcement des capacités des personnels de laboratoires.

Le secteur spécifique des laboratoires étant soumis à des obligations de moyens et de résultats, du fait de leur impact sur la décision thérapeutique du praticien, plusieurs référentiels existent tels que les norme ISO 15189 et ISO/CEI 17025 à respecter par les laboratoires candidats à l'accréditation.

Ces référentiels ont servi de docuement de base de cadre pour l'implantation de système de management de la qualité au niveau des laboratoires. Le GBEA et le document 1012 du COFRAC ont servi également de référents de base.

Cette activité d'évaluation et renforcement des capacités des laboratoires en Côte d'Ivoire, a bénéficié de l'appui d'organismes régionaux et internationaux tels que l'UEMOA / ONUDI (Union Economique et Monétaire de l'Afrique de l'Ouest), l'OMS (Organisation Mondiale de la Santé) et l'APHL (Association of Public Health Laboratoires) .
Il convient par ailleurs de préciser que l'organisation du système de santé en Côte d'Ivoire composé de plus de 1600 établissements de santé dont environ 200 laboratoires, est de type pyramidal, avec quatre niveaux comprenant :

- Etablissements de 1er contact (Formation sanitaires urbains et rurales, service de Protection Maternelle et Infantile (PMI), Centre de santé communautaires)
- Hôpitaux de District (65 au total qui possèdent chacun un laboratoire de 1er niveau
- Hôpitaux régionaux (19 au total avec des laboratoires de 2éme niveau
- Etablissements de référence (niveau tertiaire) que sont les CHU (au nombre de 4) et les instituts Spécialisés (LNSP, INHP, INSP, IPCI, CEDRES, CIRBA et RETROCI) avec les laboratoires de 3ème niveau.

C. Création du Centre Régional d'évaluation en santé et d'accréditation des établissements de santé en Afrique (CRESAC)

I.4.3 Structures locales de l'évaluation médicale

I.4.3.1 Organisation de l'information médicale

En Côte d'Ivoire et comme partout en Afrique subsaharienne, la mise en place des structures de gestion de l'information médicale dans les établissements hospitaliers publics et privés constitue une préoccupation.

Il s'agit en effet, d'un précieux outil de suivi des activités de soins, de recherche, d'aide à la décision au niveau de la direction de l'hôpital et de complétude du système national d'information sanitaire.

D'où la nécessité d'instaurer dans chaque établissement hospitalier une structure d'information médicale [74]. Ainsi, la création de Département d'information médicale (DIM) [75] qui a la vocation d'être un lieu privilégié de l'information hospitalière, répond à ce souci.

En outre, avec ses outils informatiques et ses compétences, il est outils irremplaçable pour tous les acteurs hospitaliers, pour ce qui concerne notamment :
1) La connaissance des activités cliniques ; 2) La liaison entre les données économiques et médicales ; 3) Le suivi des soins infirmiers.

La mission première du DIM reste dans l'optique PMSI en France avec la production des résumés de sortie standardisés, d'autres tâches lui sont confiées, telles la gestion des dossiers médicaux et la participation à la conception du système d'information.

Cette structure des DIM semble constituer un préalable à la mise en place de l'évaluation médicale dans les établissements hospitaliers publics.

I.4.3.2 Comités d'évaluation médicale

Plusieurs services ou établissements hospitaliers poursuivent en France, des expériences intéressantes dans ce domaine, basée sur des méthodes diverses telles que les audits cliniques, la maîtrise de la gestion organisationnelle, la mise en place de système d'information, les objectifs d'accréditation et le développement de programme d'assurance qualité.

Ainsi, des structures d'évaluation médicale ont mis en place dans quelques hôpitaux que tels :

- l'hôpital Antoine-Béclère à Clamart,

- les hospices civils de Lyon [76],

- l'hôpital Necker de Paris,

- le centre hospitalier Henri-Mondor de Créteil,

- l'hôpital américain de Paris [77], et la cellule d'évaluation de l'Assistance publique de Paris, dont les expériences seront de développement varié, et complémentaire.

I.4.3.3. Cellule qualité et/ou gestion des risques

Depuis l'adoption de la démarche qualité dans les modes de gestion des établissements de santé et la nécessité de recourir à l'accréditation, le pilotage local du système qualité est assuré par une cellule qualité et/ou de gestion des risques.

La cellule qualité a pour missions entre autres de coordonner les activités de la démarche qualité, de rassembler les informations utiles au bon fonctionnement du système qualité et d'assurer aux différents interlocuteurs que ce qui est fait est bien fait [78].

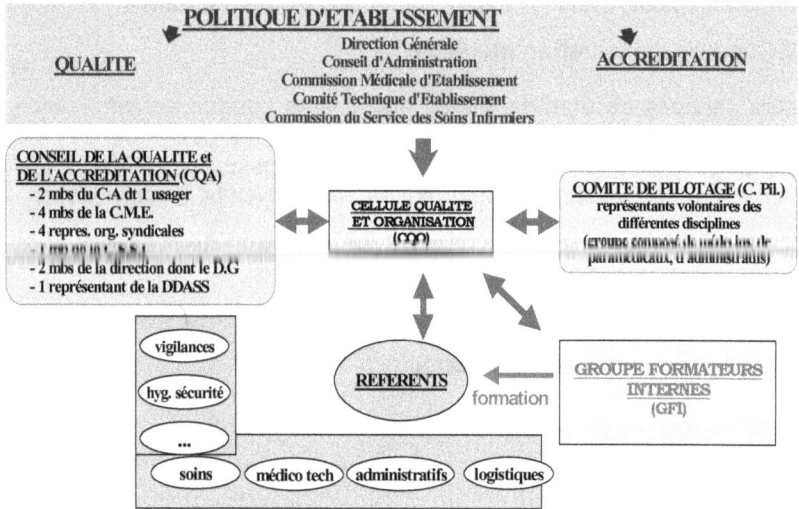

Figure 7 : Modèle d'organisation d'une structure qualité et/ou gestion des risques dans un établissement de santé [78]

LES ROLES DES INSTANCES D'UNE STRUCTURE QUALITE ET GESTION DES RISQUES

Instances	*Composition*	*Missions*
Conseil de la qualité et de l'accréditation (CQA)	Représentation des catégories professionnelles et des instances en tant que telles	-Dimension politique -Choix stratégiques lourds -Arbitrage des conflits -Lien avec les instances et les démarches institutionnelles PE, CE
Comité de pilotage technique (C PIL)	Représentation pluriprofessionnelle et des différentes disciplines	-Contribution à la définition et à la mise en oeuvre de la politique qualité -Lieu d 'expression multi-professionnel -Arbitrages techniques -Validation des actions qualité -Expertise de dossiers spécifiques
Cellule Qualité et Organisation (CQO)	1 Directeur 1 Ingénieur 1 Chef de bureau 1 Technicienne qualiticienne 1 secrétaire	-Pilotage de la démarche
Groupe des Formateurs Internes (GFI)	Trinômes pluriconfessionnels	-Formation -Accompagnement méthodologique -Remontée d'informations
Référents	Binômes par service	-Mise en oeuvre des plans d 'amélioration de la qualité

Figure 8 : Rôles des instances d'une structure qualité et/ou gestion des risques dans un établissement de santé [78]

Les activités de la cellule qualité et gestion des risques en établissement de santé, s'articulent autour de quatre éléments qui sont :

i) l'audit, la mise en place d'indicateurs, ii) la communication à l'ensemble du personnel des performances qualité, et iii) la gestion documentaire dans le temps, ainsi que iv) la maîtrise des modifications à réaliser.

I.4.3.4. Evaluation et de diffusion des innovations technologiques

L'intérêt de la démarche d'évaluation des nouvelles technologies médicales est qu'elle se situe à la jonction de l'évaluation technique, de l'évaluation clinique et de l'évaluation économique.

La seule structure, qui assure à l'heure actuelle l'évaluation des nouvelles technologies médicales dans cette optique, est le Comité d'évaluation et de la diffusion des innovations technologiques (CEDIT), au sein de l'Assistance publique de Paris [79].

Il faut cependant mentionner l'existence de la Commission nationale d'homologation du centre national de l'équipement hospitalier. Il faut souligner que le CEDIT émet des avis qui n'ont donc aucun pouvoir normatif ou réglementaire.

Son domaine de compétence s'étend à toutes les technologies nouvelles, quelles que soit leur nature ou leur objectif, à condition qu'elles soient sur le point d'être diffusées, ce qui exclut les techniques au stade de la recherche ou celles déjà diffusées.

Le CEDIT comprend un comité de 11 membres (médecins, pharmaciens et directeurs) nommés par le directeur général de l'Assistance publique et un secrétariat composé d'un directeur, d'un médecin, d'une surveillante de soins et d'un économiste.

Le Comité choisit les sujets à évaluer, décide des études à réaliser, suit l'avancement des travaux et définit les recommandations finales. Le secrétariat effectue les études d'évaluation.

L'intérêt de la démarche CEDIT est d'aborder l'évaluation d'un problème médical dans une optique pluraliste et multidisciplinaire, en y associant des non-médecins et en allant au-delà des critères purement médicaux.

DEUXIEME PARTIE :

NOTRE ETUDE

CHAPITRE I

MATERIEL ET METHODES

II-1. MATERIEL

II.1.1. Contexte de l'étude

Dans le cadre de cette étude prospective en vue la mise en place d'une structure d'évaluation médicale à l'UFR des sciences médicale de l'université de Cocody, les principaux outils de l'évaluation médicale ont été testés sur les prestations de laboratoires de Biochimie médicale dans les CHU du district d'Abidjan.

II.1.2. Cibles de l'étude

Les cibles concernées par ce travail ont été aussi bien les éléments de l'environnement techniques et professionnel des laboratoires étudiés, que les acteurs qui interviennent au niveau des interfaces tels que les patients, les administrations hospitalières, les fournisseurs, et les médecins prescripteurs des formations sanitaires d'origine des patients.

Ainsi, en terme de dénombrement, les cibles de ce travail en rapport avec les laboratoires de Biochimie médicale étudiés, sont constituées essentiellement par des :

1) Etablissements sanitaires : 3 Centres hospitaliers universitaires (CHU), 12 Formations sanitaires privées (7) et publiques (5), et 20 Laboratoires privés (12) et publics (8),

2) Ressources humaines : Personnels de laboratoires : 140 (Personnel cadre, Personnel médico-technique, Personnel de soutien), Personnel des formations sanitaires : 50 (Médecins, Infirmiers),

3) Clientèle des laboratoires : Patients (111 personnes) et usagers (600 personnes),

4) Infrastructures des laboratoires : Equipements du plateau technique (3 laboratoires), Locaux et environnement de travail (3 laboratoires),

5) Supports de la pratique médicale : 111 bulletins d'analyses de biologie médicale,

6) Consommables et réactifs de Biochimie : Marqueurs de la lipopéroxydation : TBARS, Hormones: Parathormone (PTH), hormones thyroïdiennes (FT_3, FT_4, TSH), Paramètre biochimiques : urée, glucose, créatinine, Cholestérol, triglycérides, HDL, lipoprotéines, Marqueurs tumoraux (Alphafoeto-proteine).

II.1.3 Critères de sélection

Les critères d'inclusion retenus pour le choix de ces cibles de l'étude, étaient d'avoir des activités en rapport avec les prestations des laboratoires de biologie médicale, accepter de participer aux évaluations et selon le type de cible, être engagé dans une démarche d'assurance qualité.

Les critères d'exclusion ont porté essentiellement sur refus de participation aux différents types d'évaluation médicale, exprimé par certains responsables de formations sanitaires, praticiens hospitaliers et personnels de laboratoires.

II-2. METHODES

II.2.1 Méthodologie utilisée

L'approche méthodologique adoptée dans ce travail d'évaluation des prestations des laboratoires de Biochimie médicale, était d'intégrer simultanément la qualité des soins (aspect qualitatif) et la maîtrise des dépenses de santé (aspect quantitatif).

Cette méthodologie qui associe l'évaluation économique (étude coût-efficacité) et l'évaluation de la qualité des soins (structures, procédures et résultats), ont été appliquées à l'étude des différents aspects du fonctionnement des laboratoires : institutionnels, techniques, sécuritaires, relationnels et économiques.

II.2.2 Domaines de l'évaluation étudiée

L'étude de ces deux dimensions a été réalisée à partir d'une structuration des interventions en rapport les laboratoires, dans cinq principaux domaines de l'évaluation médicale que sont :

- Etude de la qualité des pratiques professionnelles de laboratoire : *Validité des tests diagnostiques en biochimie médicale, Evaluation externe de la qualité des résultats dans les laboratoires, Audits internes du fonctionnement des laboratoires ;*

- Etude de la qualité économique et analytique des technologies médicales : *Etude l'efficacité économique de la prescription d'un test diagnostic en biochimie médicale, Activités métrologiques dans les laboratoires de biochimie médicale ;*

- Etude de l'amélioration de la qualité en établissement de santé : *conduite d'une action d'amélioration continue de la qualité d'un dysfonctionnement dans le laboratoire central du CHU de Yopougon ;*

- Etude de la qualité des pratiques en médecine générale en rapport avec les activités des laboratoires de biochimie médicale : *Prescription des analyses de biologie médicale en Côte d'Ivoire ;*

-Etude de la satisfaction des patients : *Avis des usagers sur la qualité des prestations au laboratoire.*

II.2.3 Outils de l'évaluation médicale

Quatre instruments d'évaluation ont été utilisés : la collecte de l'information, la conférence de consensus, l'audit médical, et les outils de la qualité.

Cela s'est traduit en pratique par :

- la collecte de l'information médicale (étude de satisfaction, étude de la prescription des bulletins d'analyse, enquêtes sur les pratiques rédactionnelle des ordonnances de biologie médicale),

- les activités d'audits internes et externes des laboratoires (autoévaluation, critères de contrôle de qualité),

- l'organisation de rencontres entre les professionnels de laboratoires (Evaluation externe qualité des analyses, conférence de consensus),

- l'analyse des dysfonctionnements en vue de l'adoption d'actions correctives (Description de processus, logigramme, diagramme causes–effet, analyse fonctionnelle, AMDEC).

Les résultats de cette étude seront présentés à travers les outils méthodologiques utilités pour la réalisation des différentes évaluations dans les établissements de santé.

II.2.4 Méthodologie utilisée par domaine de l'évaluation médicale

Domaine 1 : Etude de la qualité des pratiques professionnelles de laboratoire :

1.1 Critères de contrôle de qualité d'une nouvelle technique de dosage en Biochimie médicale

Il s'agit d'une étude portant sur la mise au point de la méthode spectrofluorimétrique de Yagi de dosage indirect des radicaux libres oxygénés au laboratoire de Biochimie médicale de l'UFR des sciences médicales d'Abidjan.

1.1. 1 Matériel

Cette étude qui a consisté en évaluation des critères de contrôle de qualité de la technique de Yagi mise en place, été réalisée au laboratoire de Biochimie médicale du CHU de Cocody dans le cade d'une collaboration avec l'université de Bordeaux 2.

Des échantillons de sérums de sujet sain et de sujet malade hyperthyroïdien connus ont été utilisés de la manière suivante :

i) pour l'étude de la fiabilité de la technique, 120 déterminations de TBARS sont effectuées en trois séries de 40 dosages sur le sérum du sujet sain, et

ii) pour l'étude de l'exactitude de la technique, 10 déterminations de TBARS sont réalisées en deux séries de 5 dosages sur le sérum du sujet malade hyperthyroïdien en cours de traitement.

L'efficacité clinique de la méthode utilisée a été étudiée sur 40 patients hyperthyroïdiens repartis en deux groupes A (25 sujets non traités) et B (15 sujets traités par antithyroïdiens de synthèse), qui ensuite été comparés à 15 sujets témoins sains eu- thyroïdiens.

Les critères de choix du sujet sain ont porté sur l'absence de fièvre et de processus inflammatoire, d'affections métaboliques (diabète, HTA, hyperthyroïdie, obésité), et de contexte infectieux bactérien ou parasitaire.

1.1. 2 Méthodes

Dosage des TBARS. Le principe de la méthode de Yagi repose sur la détermination en milieu acide acétique à la température de 95 à 100° C, des produits terminaux de la lipopéroxydation (MDA, alkenals et alkanals) qui sont des substances qui réagissent avec l'acide thiobarbiturique (TBA).

Lors de la réaction, deux molécules de TBA réagissent avec une molécule de MDA et conduit à la formation d'un complexe de couleur rose rendu fluorescent par l'ajout de N- butanol.

La coloration obtenue est mesurée en utilisant un spectrofluorimètre « P 450 » avec une longueur d'onde d'excitation de 515 nm et une longueur d'onde d'émission de 553 nm, et correspond à l'ensemble des substances réagissantes (TBARS) exprimée en MDA.

Le dosage des hormones thyroïdiennes (FT3, FT_4, et TSH) par l'automate multiparamétrique VIDAS, repose sur la méthode ELFA (Enzyme-Linked-Fluorescent Assay), qui est une technique immuno -chimique qui associe la méthode ELISA à une détection finale en fluorescence.

L'examen des critères de contrôle de qualité a concerné trois types principaux de facteurs que sont les critères de fiabilité constitués de :

- Critères statistiques (précision, limite de détection), les critères opérationnels (justesse ou exactitude) et

- Critères fonctionnels (spécificité, sélectivité et la sensibilité) ;

- Critères de praticabilité (prix de revient, rapidité, facilité d'exécution, risques de pannes) et en fin les

- Critères d'efficacité clinique (corrélation entre les résultats obtenus et l'état du malade).

Analyse statistique des résultats. L'exploitation des résultats par le logiciel Epi-info 6 a porté sur le calcul des moyennes et des coefficients de variation, la comparaison des moyennes et l'étude l'existence de corrélation des corrélation les concentrations de TBARS et de sécrétions des hormones thyroïdiennes.

1.2 Validité des tests diagnostiques en biologie médicale

1. 2.1 Patients

Il s'agit d'une étude prospective préliminaire de validation clinico-biologique d'une nouvelle technique de dosage de la PTH mise au point par la société Immunotech, réalisée en collaboration par le service de rhumatologie de l'hôpital Cochin et le Laboratoire d'explorations Fonctionnelles de l'hôpital Necker-Enfants Malades.

Nous avons mesuré la PTH avec la technique Immunotech chez 299 patients dont 116 patients IRC en hémodialyse (groupe HD) et 183 patients sans IRC vus consécutivement dans notre service pour exploration d'une ostéoporose (groupe OP).

La PTH avait préalablement été mesurée sur ces sérums avec la technique Allegro. Les sérums avaient été ensuite congelés à -20°C et n'ont pas été décongelés avant le dosage par la technique Immunotech. Dans le groupe OP, 17 patients avaient une hyperparathyroïdie primitive (HPP).

1.2.2. Méthodes

La fiabilité de la technique de dosage Immunoteh-PTH à travers le calcul des coefficients de variation intra- essais et inter- essais. Ainsi, le coefficient de variation de variation (CV) intra-essai a été établi pour chaque échantillon sur lequel la PTH Immunotech a pu être mesurée en double (différence entre les 2 valeurs mesurées/moyenne des 2 valeurs).

Le CV inter essai a été calculé à partir de la mesure « en double » dans 10 séries différentes (3 lots de réactifs) des 2 échantillons de contrôle fournis par le fabriquant et d'un pool sériques préparé avec des échantillons conservés dans notre sérothèque.

La limite de détection a été approchée par des dilutions en cascades dans le diluant fourni par le fabricant (pur ; 3/4 ; 1/2 ; 1/3 ; 1/4 ; 1/6 ; 1/8) de trois sérums dont la concentration de PTH était comprise entre 20 et 30 pg/ml.

Nous avons ensuite considéré que la limite de détection était proche de la concentration en dessous de laquelle la valeur mesurée était différente de plus de 20% de la concentration attendue.

La linéarité a été appréciée par des dilutions en cascades (pur ; 1/2 ; 1/4 ; 1/6 ; 1/8) de13 sérums différents. Nous avons enfin étudié l'effet de plusieurs cycles de congélation/décongélation sur 5 pools sériques préparés et aliquotés par nos soins et conservés à –20°C.

La PTH a également été mesurée avec la trousse « Allegro-Intact PTH » (Nichols Institute, San Juan Caspistrano, Ca, USA) pour laquelle les caractéristiques analytiques ont été décrites.

Dans le groupe d'OP (ostéoporose), nous avons également utilisé dans notre analyse les concentrations de calcium ionisé (Ca^{++}) mesurées par électrométrie et celles de 25 OHD obtenues avec la trousse RIA de la société DiaSorin pour laquelle là encore les caractéristiques analytiques ont été décrites ailleurs.

1.3 Evaluation externe de la qualité des résultats les laboratoires de Biochimie médicale

1.3.1 Matériel

Onze principaux laboratoires de biologie médicale offrant des prestations de Biochimie clinique dans la Ville d'Abidjan, ont accepté de participer à cette étude d'inter- comparaison des résultats des analyses qui a duré trois mois consécutifs.

Dans ces laboratoires volontaires retenus (5 privés et 6 publics), l'appareillage utilisé était composé par des automates multiparamétriques dans 10 laboratoires et un spectrophotomètre pour dosage manuel dans un (1) laboratoire.

Les automates utilisés dans les laboratoires cibles ont une durée moyenne de trois ans et proviennent de six marques différentes mis sur le marché par les trois principaux fournisseurs de matériels biomédicaux de la place (Human, Biomérieux,et Ergon).

Ils sont repartis comme suit : Lisabio 200 (Labo 5 et 6) ; Clinline 150 (Labo 1 et 3) ; Mascott plus (Labo 7, 9, 11) ; Cobas Mira (Labo 11) ; CPA (Labo 4) et ASA 24 (Labo 8).

1.3.2 Méthodes

Pour la mise en route de cette activité d'inter comparaison des laboratoires, la procédure suivante a été appliquée aux laboratoires ayant participé à l'étude :

- Une table de codage qui permet de préciser les conditions opératoires dans le laboratoire a été distribuée;

- Une feuille réponse qui permet à chaque laboratoire de rendre les résultats de façon anonyme a été élaborée;

- Un sérum étalon titré normal (Biomérieux) stabilisé par lyophilisation a été utilisé pour une détermination en double du glucose, de l'urée et de la créatinine qui sont des paramètres biochimiques les plus demandés dans les bilans en pratique médicale courante ;

- La levée de l'anonymat a été réalisée à la fin des étapes des collectes et d'analyses des résultats fournis, afin d'indiquer à chaque laboratoire sa position par rapport aux autres laboratoires participants ;

- Une rencontre d'échange et de sensibilisation a été organisée un mois après la transmission des résultats individuels et globaux, avec les responsables des laboratoires participants en vue de l'adoption de mesures correctives appropriées.

L'appréciation de la fiabilité et de la performance des laboratoires impliqués dans cette étude, est réalisée par :

i) la comparaison des résultats R de chaque laboratoire à la valeur cible M (R/M), ii) le coefficient de variation individuel (CV), iii) l'écart relatif (R-M/M x 100) comparé à la limite d'acceptabilité adoptée pour chacun des trois paramètres étudiés (glucose ; 10, urée · 16, créatinine ;18) [10;13], ainsi que par iv) le calcul de l'indicateur qualité" (IQ$_{CNQ}$) [144].

Pour chaque analyse, les limites acceptables sont définies en fonction des différents niveaux de concentrations. Elles tiennent compte des performances analytiques de l'ensemble des réactifs présents sur le marché (état de l'art [109]) et/ou de la variabilité biologique de l'analyse considéré en fonction des exigences de la clinique [144].

L'écart relatif (justesse) entre le résultat R et la cible M calculé par le rapport ((R-M) x 100 / M) est exprimé sous forme de lettre (A, B, C, D) et le sens de l'écart est indiqué sur les comptes-rendus individuels par le signe « + » ou

«-»[144]. Un résultat est considéré comme acceptable s'il ne s'écarte pas de la cible de plus d'un LA.

Au-delà, le résultat est considéré comme « à contrôler ». Plus précisément : i) pour un écart dans l'intervalle ± 0, 5 LA, le résultat est évalué en A+ ou A- ; ii) pour un écart compris entre 0,5 et 1 LA, le résultat est évalué en B+ ou B- ; iii) pour un écart compris entre 1 et 2 LA, le résultat est évalué en C+ ou C- ; iv) pour un écart supérieur à 2 LA, et v) le résultat est évalué en D+ ou D-.

Pour chaque laboratoire, un indicateur qualité « IQ_{CNQ} » a été calculé et exprimé en % de la valeur maximale que le laboratoire est susceptible d'obtenir, est calculé de la façon suivante : IQ_{CNQ} : [(Nb de A x 4) + (Nb de B x 3) + (Nb de C x 1) + (Nb de D x 0) / (Nb total de résultats x 4)] x 100.

1.4 Audits internes du fonctionnement des laboratoires de Biochimie médicale

1.4.1 Matériel
Il s'agit d'une étude transversale, de type qualitatif réalisée sur une période de 4 mois dans les laboratoires de Biochimie clinique des CHU de Cocody et de Yopougon engagés dans une démarche assurance qualité.

Cette étude a concerné l'ensemble des personnels permanents : pour le CHU de Cocody, 16 personnes dont 6 cadres, 5 techniciens et 5 agents de soutien, et pour le CHU de Yopougon, 14 personnes dont 3 cadres, 4 techniciens et 7agents de soutien.

Le choix de ces deux laboratoires publics pour l'initiation de cette évaluation des dispositifs de protection du personnel sur leur lieu de travail, a été motivé par l'existence d'une démarche assurance qualité, d'une décision de développement d'un système de management de l'hygiène et de sécurité, ainsi que d'une motivation affichée des responsables et du personnel des établissements concernés.

1.4.2 Méthodes
A partir d'un référentiel de 103 exigences de qualité élaboré sur la base de règles et critères énoncés dans les guides tels le GBEA, la norme OHSAS 18001 et certains manuels internationaux, l'enquête a été conduite par un comité de pilotage de 3 personnes constitué dans chaque laboratoire.

Les données recueillies en matière de bonnes pratiques de laboratoire, ont porté essentiellement sur les domaines institutionnels (organisation générale, gestion du personnel, des locaux, équipements, consommables et la politique qualité) et technique (Exécution des analyses, conditions de travail, fonctionnement des équipements, validation des résultats..).

Cette étude d'évaluation interne de la qualité du système d'hygiène et de sécurité a porté sur deux domaines d'application : la dimension institutionnelle (organisation générale, gestion du personnel, les locaux, les équipements, les consommables et la politique qualité) et la dimension technique (pratique des mesures d'hygiène et de sécurité au laboratoire au niveau du plateau technique).

Les données de cette autoévaluation ont été recueillies par un comité de pilotage à partir d'un référentiel de 116 exigences, élaboré sur la base des règles et critères énoncés dans les guides tels le GBEA, la norme OHSAS 18001 et certains manuels internationaux.

La conduite de cette enquête sur les pratiques des mesures d'hygiène et de sécurité du laboratoire, a été réalisée à l'aide d'un questionnaire approprié, selon deux modalités :

- Cotation binaire (oui = 1 et non = 0) pour l'évaluation des connaissances en matière d'hygiène et de sécurité dans le laboratoire, de toutes les catégories de personnel ;

- Cotation ordinale (0 à 100) à partir d'une grille d'observation des attitudes et pratiques du personnel dans les domaines de l'hygiène et la sécurité au travail.

La cotation relative au degré de conformité des secteurs évalués, porte sur chaque exigence attendue du référentiel utilisé, comparée aux pratiques des dimensions institutionnelle et technique du fonctionnement des laboratoires

Les 116 exigences qualité étudiées ont été regroupées en 17 paragraphes de 7 exigences en moyenne, dont 6 pour la dimension institutionnelle et 11 pour la dimension technique.

Tableau n°2 : Cotation de la conformité des pratiques observées par rapport à celles attendues du référentiel utilisé (réponses ordinales) [126]

COTATION	SIGNIFICATION
0	L'exigence n'est pas présente à JO (jour de l'autoévaluation)
1	L'exigence exigence existe mais n'est pas formalisée (pas de document écrit)
2	L'exigence existe, est formalisée (document écrit) mais n'est pas connue du personnel censé l'appliquer (celui-ci ne sait pas qu'elle existe ou ne sait pas où il peut trouver le document écrit ou la procédure relative à l'exigence)
3	L'exigence existe, est formalisée (document écrit) mais n'est pas connue du personnel censé l'appliquer (celui-ci sait pas qu'elle existe et sait pas où il peut trouver le document écrit ou la procédure relative à l'exigence)
4	L'exigence existe, est formalisée par une procédure écrite (conforme aux exigences du GBEA), et est connue du personnel censé l'appliquer (celui-ci sait pas qu'elle existe et ne sait pas où il peut la trouver)
5	Il existe, une procédure correctement formalisée, dont chaque personnel censé l'appliquer sait où la trouver et il existe une preuve comme quoi la procédure est appliquée systématiquement

Pour faciliter la lecture des résultats par exigence, la note globale de chacune a été multipliée par 20 pour obtenir un pourcentage de conformité par rapport aux pratiques observées.

Le degré de conformité de chaque pratique par rapport aux exigences du référentiel utilisé, est calculé sur la base de la moyenne obtenue à partir de la cotation des avis du personnel et des observations des enquêteurs.

Concernant l'appréciation du niveau de qualité, il a été décidé que lorsque la cotation pour une exigence est strictement inférieure à 80%, la pratique étudiée est considérée comme non conforme par rapport à celle attendue du référentiel.

Dans la perspective d'une analyse comparative facilitée des différents niveaux de cotation des critères qualités évaluées d'un paragraphe donné, le comité de pilotage a préconisé la classification suivante : 1) Qualité excellente : cotation > 80%, 2) Qualité acceptable: cotation : 60-79%, 3) Qualité insuffisante : cotation : 40-59%, 4) Qualité inacceptable : cotation : 0-39%.

A la fin de l'audit, une réunion de feed-back a été organisée avec le personnel du laboratoire pour réfléchir sur la mise en œuvre d'un plan de résolution des problèmes identifiés.

Domaine 2 : Etude d'activités d'amélioration continue de la qualité dans un laboratoire de biologie médicale

2.1 Conduite d'une action d'amélioration de la qualité du circuit de gestion des réactifs et consommables au laboratoire central du CHU de Yopougon par l'utilisation de la méthode AMDEC

Les dysfonctionnements du circuit de gestion des réactifs et consommables du laboratoire central du CHU de Yopougon ont été identifiés par les différentes audits interne réalisés, comme un des facteurs importants de la non qualité des prestations dudit laboratoire.

A cet effet, dans le cadre d'une démarche d'amélioration, la méthode de l'AMDEC appliquée à ce circuit, a été développée selon les 10 étapes suivantes :

1) Initialisation de l'étude : définir les objectifs et les limites de l'étude

Cette étude porte sur le processus de gestion des réactifs et consommables du laboratoire, et a pour objectif principal d'optimiser la fiabilité du processus en prévenant l'apparition des risques de rupture, c'est-à-dire :

• détecter les défaillances à un stade précoce, • recenser les risques potentiels,
• hiérarchiser les risques par la détermination de leur criticité,
• mettre en œuvre des actions préventives pour les risques dépassant un seuil de criticité déterminé,

2) Réunir les acteurs concernés par le processus susceptibles de participer à l'étude
Un groupe de pilotage de la démarche représentant les différents acteurs intervenant dans le circuit de gestion des réactifs et consommables du laboratoire, a été constitué à l'initiative de la direction.

Ainsi dans le cadre d'une démarche participative, sept personnes (1 membre de la direction, 1 biologiste, 2 techniciens, 1 responsable de la gestion des stocks de réactifs, 1 responsable qualité, 1 agent des services de la pharmacie de l'hôpital) ont été réunies au cours de cinq rencontres.

Avant de se lancer dans la réalisation proprement dite des AMDEC, il faut connaître précisément le système et son environnement. Ces informations sont généralement les résultats de l'analyse fonctionnelle (figure 18), de l'analyse des risques et éventuellement du retour d'expériences fournis par les membres du groupe.

3) Établir la séquence des étapes du processus sous la forme d'un enchaînement d'actions

Le premier point abordé par le groupe de travail a été l'identification du processus, avec décomposition en segments du circuit de l'approvisionnement en réactifs et consommables.

Les différents segments ont été mis en évidence par l'établissement d'un descriptif des processus du circuit d'approvisionnement du laboratoire (figure 19), et font l'objet d'une description détaillée, selon la méthode du QQOQCP avec la définition de chaque tâche élémentaire ainsi que des niveaux de défaillance potentielle (figure 20).

4) Repérer l'effet de chaque défaillance potentielle sur le processus

Pour l'étude des effets des défaillances, la classification a été adoptée selon quatre critères retenus par le groupe de pilotage (Démotivation du personnel, continuité non assurée des prestations, confiance dégradée des patients, gestion du risque de rupture des approvisionnements), suit la notation suivante :

- D_+ : défaillance entraînant une démotivation du personnel
- P_+ : défaillance entraînant une dégradation de la confiance des patients
- R_+ : défaillance entraînant un risque de retard d'exécution des analyses
- C_+ : défaillance entraînant une non continuité des prestations du laboratoire

5) Identifier des causes des défaillances potentielles par séquence

Concernant l'identification des causes de défaillances potentielles, elle a été réalisée à travers des discussions interdisciplinaires à l'intérieur du groupe, en utilisant la méthode d'Ichikawa ou diagramme causes- effet (figure 21), qui permet de visualiser toutes les causes aboutissant à un effet donné, et en les regroupant par classe ou famille.

6) Attribuer à chaque défaillance une note correspondant à la gravité, la probabilité d'occurrence, ainsi que la probabilité de non- détection

L'étape suivante consiste à attribuer pour chaque défaillance potentielle, des notes correspondant à la gravité (G), à la probabilité d'occurrence (0), à la probabilité de non détection (D) (Tableau 1) :

-G (gravité) : dépend du retentissement de la défaillance sur les quatre critères d'évaluation des effets définis précédemment, et est cotée suivant un barème avec des notes comprises entre 0 et 10. Si le dysfonctionnement atteint la continuité des prestations, la gravité est sera considérée comme majeur.

-O (probabilité d'occurrence) : permet d'objectiver la fréquence de survenue de la défaillance. La notation utilisée utilise également un barème avec des notes comprises entre 0 et 10.

- D (probabilités de non détection) : permet d'évaluer ses conséquences sur le circuit de l'approvisionnement en réactifs et consommables du laboratoire. Une défaillance est d'autant moins importante qu'on aura pu être prévenu de son apparition. La notation est identique à celle des indices précédents.

7) Calculer la valeur de la criticité

Le produit des trois indices précédents détermine la criticité, et permet la hiérarchisation des problèmes à résoudre. Les modes de défaillance d'un sont donc regroupés par niveau de criticité de leurs effets et sont par conséquent hiérarchisés (Tableau 19).
 8) Choisir la valeur de la criticité pour laquelle le risque est acceptable

Il conviendra donc de classer les effets des modes de défaillance par niveau de criticité, par rapport à certains critères de sûreté de fonctionnement préalablement définis au niveau du système, en fonction des objectifs fixés (fiabilité, sécurité, etc). A cet effet, le seuil d'acceptabilité retenu a été fixé à une valeur de criticité inférieure à 180.

9) Engager un plan d'action pour réduire la valeur de la criticité sur les défaillances où le niveau de risque est jugé inacceptable

La planification tient compte du niveau de criticité pour hiérarchiser les actions d'amélioration.

10) Reprendre l'analyse à la première étape après le plan d'action qui a modifié le processus, afin de réévaluer les risques pour ne pas en créer des risques plus importants que ceux qui ont été supprimés.

Il est en effet important de s'assurer que de nouveaux que de nouveaux risques n'ont pas été introduits suite aux modifications du processus.

Méthode d'analyse statistique des résultats

L'étude statistique des résultats, a consisté en l'analyse des niveaux de criticités obtenues. Le plus important était d'obtenir pour chaque mode défaillance, une note qui dans le cas de 10 niveaux de cotation, sera comprise entre 1 (1 x 1 x 1) et 1000 (10 x 10 x10) et de considérer que :

- Les défaillances dont la note est inférieure à 180 sont acceptables ;
- Les défaillances dont la note est comprise entre 180 et 280 sont importantes ;
- Les défaillances dont la note est supérieure à 280 sont graves.
- De plus, on décide que : Toutes les défaillances dont un des critères est 7 sont importantes ; et toutes les défaillances dont un des critères est 10 sont graves.

Ainsi, en plus du simple classement des défaillances dans l'ordre décroissant de leur criticité, on obtient réellement une règle d'action (Tableau 4).

Domaine 3 : Etude de la qualité économique et analytique des technologies médicales

3.1 Etude l'efficacité économique de la prescription d'un test diagnostic de néoplasie hépatique (Alphafoeto-protéine)

3.1.1 Matériel

Il s'agit d'étude transversale réalisée au laboratoire de biochimie médicale de l'UFR des sciences médicales du CHU de Cocody sur une période de 3 mois, qui a porté sur 111 patients provenant des formations sanitaires privées et publiques du district d'Abidjan à qui il a été prescrit une ordonnance de dosage du marqueur tumoral Alphafoeto-protéine (AFP).

Trois catégories d'établissements sanitaires identifiés selon le type particulier d'exercice médical pratiqué, ont été sélectionnés pour participer à cette étude :

3 centres hospitaliers universitaires (35 patients), 5 formations sanitaires publiques (16 patients), 5 formations sanitaires privées (60 patients).

Les critères d'inclusion retenus ont concerné essentiellement la présentation d'une prescription de bulletin d'analyses d'AFP issue des établissements sanitaires sélectionnés, l'existence d'une hypothèse diagnostique de néoplasie hépatique et l'existence de mention de données cliniques correctes sur le bulletin.

3.1.2 Méthodes

Etude de l'efficacité technique et économique

L'évaluation de l'efficacité technique de la prescription d'AFP a été recherchée à travers l'analyse de la concordance clinico-biologique entre les hypothèses diagnostiques portées sur les bulletins d'analyses par le médecin traitant et les résultats obtenus de l'analyse au laboratoire.

Quant à l'efficacité économique, elle a été appréciée par l'étude de la performance de différents établissements prescripteurs, et l'analyse rapport coût- performance de la prescription dans chaque type établissements sanitaires prescripteurs.

La performance des établissements prescripteurs a été appréciée par le rapport entre le nombre de résultats concordants des différents types de formations sanitaires sur le nombre total de résultats concordants. Le rapport performance –coût de la prescription d'AFP est analysé par l'étude du taux de dépenses efficace sur les prescriptions par établissement.

Dosage de l'AFP plasmatique

A partir la mention d'une hypothèse diagnostique évocatrice de suspicion d'un contexte clinique d'affection maligne hépatique, l'AFP a été dosé par la technique radioimmunologique IRMA.

Dans le cadre de ce travail, une classification des affections hépatiques en fonction des taux d'AFP plasmatiques a été adoptée : Résultat normal (AFP <20ng/l), Hépatite chronique (AFP : 20-100 ng/l), Cirrhose hépatique (AFP : 100-400 ng/l), et Hépato- carcinome (AFP >400 ng/l).

La concordance clinico-biologique a été jugée positive, lorsque les résultats du dosage de l'AFP plasmatique demandé chez ces sujets suspects de néoplasie du foie, étaient supérieurs à 100 ng/ml.

3.2 Activités métrologiques dans les laboratoires de Biochimie médicale

3.2.1 Matériel

Il s'agit d'une étude transversale et prospective de type descriptif réalisée sur une période de 3 mois de Février à Avril 2001 dans les laboratoires de biochimie clinique des trois centres hospitaliers universitaires d'Abidjan.

Elle a été menée sous la forme d'une évaluation externe du système de gestion des 135 équipements et autres instruments de mesure regroupés en 7 catégories selon leur fonction dans 39 locaux (salles, paillasses, murs, sols..) les laboratoires retenus :
- Pour les équipements, on à 56 éléments composés de : 11 climatiques (réfrigérateurs, congélateurs, chambres froides...), 15 thermo statés (étuves, bains-marie, thermomètres...), 30 intermédiaires (cyclo- mixer, agitateurs, centrifugeuses, pH-mètre) ;

- Pour les instruments de mesure, on a 79 éléments constitués par : mesures de masse 8 (balances de précision...), 31 auto-analyseurs (automates, densitomètres, spectrophotomètres), 11 mesures de temps (chronomètres..), 29 mesures de volume (fioles jaugées, pipettes..).

Le critère de sélection de ces équipements et instruments de mesure de laboratoires, est le fait de nécessiter une activité métrologique dans leur mode de fonctionnement.

3.2.2 Méthodes

Sur la base des normes ISO 9001 et critères internationaux de qualité métrologique des équipements et instruments de mesure appliquée aux laboratoires de biologie médicale, un référentiel et une fiche d'inventaire ont été élaborés.

Les domaines d'application de ce référentiel d'évaluation de la qualité métrologique des équipements et instruments de mesure des laboratoires retenus sont :

- Les conditions environnementales : température, humidité, réseau électrique, rayonnement solaire, poussières sur les installations, état de propreté des locaux et les revêtements des surfaces utiles ;

- Le management du plateau technique : répartition des équipements, informations sur leur fonctionnement, leur entretien, maintenance et la gestion des pannes.

La fiche d'enquête- inventaire élaborée comporte 12 questions ouvertes résumant les principales exigences d'une gestion métrologique appropriée des équipements et instruments de mesure dans un laboratoire.

L'appréciation de la qualité des équipements et instruments de mesure des laboratoires retenus, est basée sur la conformité aux exigences du référentiel qualité des activités métrologiques, jugées à partir des avis du personnel et de l'observation des enquêteurs.

A cet effet, une cotation binaire (oui = 1 et non = 0) a été adoptée pour l'évaluation des connaissances du personnel sur l'état de fonctionnement de ces installations techniques et une cotation ordinale (0 à 100) [126] selon une grille d'inspection pour l'observation des activités métrologiques réalisées dans les laboratoires cibles.

Le degré de conformité des pratiques métrologiques de chaque laboratoire par rapport aux exigences du référentiel qualité, est calculé sur la base de la moyenne obtenue à partir de la cotation des avis du personnel et de l'observation de ces équipements et instruments de mesure.

Ainsi, il est décidé que lorsque la cotation pour une exigence est strictement inférieure à 80%, la pratique métrologique étudiée est considérée comme non conforme à celle attendue du référentiel.

La performance d'un laboratoire donné en termes de qualité métrologique, est alors appréciée par le taux de pratiques liées au plateau technique (environnement et équipements) conformes aux exigences du référentiel qualité adopté. Une pré- étude a été réalisée dans un laboratoire différent de ceux sélectionnés, pour tester la praticabilité de la fiche d'inventaire adoptée.

Domaine 4 : Etude de la qualité des pratiques en médecine générale en rapport avec les laboratoires de biochimie médicale

4.1 Pratique de la prescription des analyses de biologie médicale en Côte d'Ivoire

4.1.1 Matériel

Il s'agit d'une étude transversale et prospective qui a porté sur les ordonnances ou bulletins d'analyses de l'alpha foeto-protéine (AFP), adressés au laboratoire de biochimie médicale de l'UFR des sciences médicales d'Abidjan, sur une période de 1 an, d'Août 1998 à Octobre 1999. Les bulletins d'analyses reçus proviennent des prescriptions des établissements sanitaires privés et publics de la Ville d'Abidjan.

Ces bulletins d'analyses au nombre de 111, ont été répartis en trois groupes en fonction de leurs établissements sanitaires d'émission : Centres hospitaliers universitaires : 35 bulletins, Formations sanitaires publiques : 16 bulletins, Formations sanitaires privées : 60 bulletins.

Au niveau des critères d'inclusion, seuls les bulletins exploitables, c'est à dire ayant les données épidémiologiques (nom, prénom, âge et sexe du patient) et biologiques correctement mentionnées, ont été retenus.

4.1.2 Méthodes

Dans cette étude, l'accent a été mis sur la maîtrise des règles de la rédaction d'une ordonnance d'analyses de biologie médicale par le personnel soignant des établissements sanitaires.

Il s'agit de vérifier si toutes les informations (éléments de régularité technique de l'ordonnance) utiles à une bonne prise en charge du spécimen biologique au laboratoire, ont été fournies par le prescripteur.

Ces éléments retenus de régularité technique du bulletin d'analyses au nombre de 18, ont été recueillis à l'aide d'une fiche d'enquête appropriée, et concernent en particulier les données sur les formations sanitaires d'émissions des bulletins d'analyses et le patient.

Les informations sur l'établissement sanitaire d'origine de l'ordonnance sont constituées de : 4 éléments (nom et adresse du centre de santé, nom du service demandeur de l'examen, et pose du cachet du praticien), et celles sur le patient : 14 éléments (forme du bulletin, caractéristiques de l'échantillon, conditions de prélèvement, qualification du prescripteur et les orientations diagnostiques).

Pour tenir compte de notre contexte de travail, il a été décidé qu'un élément de régularité technique d'un bulletin d'analyses peut être jugé pertinent, lors qu'il est mentionné par plus de 60% des prescripteurs dans les formations sanitaires d'émission.

Ainsi, un bulletin d'analyses sera considéré comme régulier, donc respectant les règles de la déontologie et de l'éthique médicale s'il contient la mention d'au moins 10 éléments de régularité technique pertinents.

Domaine 5 : Etude du degré de la satisfaction des usagers du laboratoire central du CHU de Yopougon

5.1 Perception des usagers sur la qualité des prestations du laboratoire central du CHU de Yopougon

5.1.1 Matériel

Cadre de l'étude

Il s'agit d'une étude pilote de type transversale et prospective d'une durée de deux (2) mois qui a concerné la perception des usagers sur les attitudes et pratiques professionnelles du personnel, ainsi que des prestations du laboratoire central du centre hospitalier universitaire de Yopougon.

Le laboratoire central du CHU de Yopougon est un service public, médico-technique qui réalise des analyses biologiques, et qui fait partie d'un complexe hospitalier crée depuis 1994 dans la commune de Yopougon du district d'Abidjan.

Ce laboratoire est composé d'un personnel au nombre de 47 personnes, qui sont repartis dans cinq unités techniques et trois unités d'appui, qui permettent d'offrir les prestations d'analyses de biologie médicale portant sur les paramètres des disciplines variées telles que : la biochimie, l'hématologie, l'immunologie, la parasitologie, la Bactériologie.

Echantillonnage de l'étude

La population cible de l'étude était constituée par des usagers du laboratoire central CHU de Yopougon, venus avec une prescription de bilans biologiques, et recrutés de façon successive dans la salle de réception du laboratoire.

L'affectation d'un patient disposant d'une prescription d'analyses relevant de plusieurs disciplines de biologie médicale du laboratoire, dans un type précis d'unité technique, est basée sur la discipline dont le nombre de paramètres mentionnés sur le bulletin est le plus important.

Les critères de sélection retenus ont porté sur le fait de : fréquenter le laboratoire pour la réalisation des analyses de biologie médicale, être muni d'un bulletin d'examen, être le concerné par l'examen ou un accompagnateur lorsqu'il s'agit des enfants, se présenter au hall d'accueil du laboratoire aux heures ouvrables, et être parmi les 15 premières personnes au cours d'une journée.

5.1.2 Méthodes

Base de sondage

La population cible était représentée par l'ensemble des usagers ayant fréquenté les services du laboratoire pour la réalisation de leurs bilans biologiques, dans la période du 15 Avril 2003 au 15 Juin 2003.

A défaut, de ne pas pouvoir tirer au sort les usagers à enquêter sur une liste de clients ainsi que les jours et heures d'enquête en raison du risque d'allonger la période d'étude faute de correspondants en nombre suffisant au moment voulu, les interviews avait été reparties sur toutes les plages horaires et les jours d'ouverture du laboratoire central pendant toute la durée d'enquête.

Taille de l'échantillon

La méthode d'enquête retenue était basée sur le principe du choix au hasard des sujets de l'échantillon au fur et à mesure de leur accueil dans la salle de réception du laboratoire. Leur nombre a été fixé à 20% du total moyen mensuel des usagers fréquentant le laboratoire. Ce taux a été jugé suffisant pour avoir une bonne représentativité des usagers interrogés.

En effet, avec une fréquentation moyenne du laboratoire de 70 usagers par jour sur les 20 jours ouvrables habituels, il a été sélectionné de façon aléatoire 600 personnes, à raison de 15 personnes par jour sur la période d'enquête.

Instruments de collecte des données

Toute étude portant sur des questions d'ordre subjectif c'est-à-dire sur les questions d'opinion, d'attitude, de motivation ou de préférence nécessite un ou des entretiens poussés avec les usagers du laboratoire, compte tenu du délai imparti de cette étude, nous avons eu recours à la méthode accélérée de recherche participative.

Cette méthode présente les avantages suivants : durée très courte d'obtention des informations nécessaires par un entretien semi- directif, l'observation des attitudes non verbales des interviews, la prise en compte des suggestions faites par les interviews pour l'amélioration de la situation.

Au début de chaque entretien, les personnes interrogées ont été invariablement assurées de l'anonymat de leur intervention.

Axes principaux de l'enquête

Cette enquête effectuée à l'aide d'un questionnaire a tourné autour de quatre points essentiels :

- le premier cherche à recueillir des informations sur les caractéristiques sociodémographiques des usagers,

- le second traite des données sur la fréquentation, et la qualité générale de l'accueil et des soins,

- le troisième porte sur les avis des usagers sur les prestations non médicales du laboratoire,

- le dernier point concerne la qualité de la prise en charge des usagers au laboratoire.

II.2.5 Traitement statistique des résultats

L'analyse statistique de toutes les données s'est faite sur du matériel informatique avec les logiciels Excel et Statview qui ont permis de présenter les résultats avec la moyenne ± DS, de faire l'études corrélations par le test de corrélation de Spearman, et de réaliser des graphiques portant sur les différents paragraphes du référentiel qualité utilisé dans le cadre des audits.

La comparaison des moyennes de données non appariées a été faite avec le test de Mann-Whitney. Les données appariées ont été comparées avec le test de Wilcoxon. Une valeur de $p<0.05$ a été considérée comme significative.

La recherche d'un biais entre deux techniques testées a été faite avec la méthode de Bland et Altman. Les équivalences entre les deux techniques de dosage ont été établies grâce à l'équation de la droite de régression entre les concentrations mesurées avec ces deux techniques après élimination des éventuelles valeurs aberrantes.

CHAPITRE II

RESULTATS

RESULTATS 1

**CRITERES DE CONTROLE DE QUALITE
ET MISE AU POINT DE TECHNIQUES
DE DOSAGE AU LABORATOIRE**

1. CRITERES DE CONTROLE DE QUALITE D'UNE TECHNIQUE DE DOSAGE

1.1 Analyse des critères de fiabilité et de la limite de détection de la technique spectrofluorimétrique de Yagi de dosage indirect des radicaux libres oxygénés

Tableau 3 : Etude de la répétabilité des résultats de dosages obtenus par la technique de Yagi

	Effectif	Moyenne (nmo/ml MDA)	Ecart-type	CV%
Série 1	25	1,36	0,086	6,30

Le coefficient de variation observé inférieur à 10%, traduit l'existence d'un bon indice de répétabilité intra-sérienne de la technique.

Tableau 4 : Etude de la reproductibilité des résultats de dosages obtenus

	Effectif	Moyenne (nmo/ml MDA)	Ecart-type	CV%
Série 1	40	1,36	0,086	6,28
Série 2	40	1,48	0,110	6,43
Série 3	40	1,34	0,100	6,45
Moyenne	-	1,39	0,009	6,39

Avec un CV moyen de 6,39%, l'écart -type moyen obtenu est représentatif de la dispersion des résultats correspondant à plus de 90% de l'effectif des 120 déterminations effectuées en intersérienne.

Tableau 5 : Etude de la limite de détection (Ld) de la méthode utilisée

	Effectif	Moyenne (nmo/ml MDA)	Ecart-type	Ld
Blanc optique bl	10	0,012	0,0024	0,019

La plus petite concentration de TBARS qui peut être distinguée par la méthode étudiée dans le sérum (limite de détection obtenue par la Ld = ūbl+ 3 s bl) est de 0,019 nmo/ml MDA.

1.2. Analyse des critères opérationnels

Tableau 6 : Etude de l'exactitude de la méthode utilisée

	Effectif	CV%	$\bar{u}_{Smes}$	$U_{Thy\text{-}mes}$	$\bar{u}_{S+tymes}$	$\bar{u}_{S+Ty\text{-}cal}$
Série 1 (nmo/ml MDA)	40	6,30	1,36	2,54	1,93	1,95
Série 2 (nmo/ml MDA)	40	7,43	1,48	2,46	1,88	1,97

L'exactitude qui mesure la qualité de l'accord entre la valeur mesurée X et la valeur vraie calculée C, est fournie par l'appréciation du test de surcharge qui montre une bonne exactitude. Les différences observées entre les concentrations moyennes des mélanges mesurées et calculées ne présentant pas de différence significative ($\bar{u}_{S+tymes} = \bar{u}_{S+Ty\text{-}cal}$).

1.3. Analyse des critères fonctionnels

Tableau 7 : Etude des critères de sensibilité, de spécificité et de sélectivité

	Effectif	Sensibilité	Spécificité	Sélectivité
Série 1	40	Pente S_1 =1,26	0	0
Série 2	40	Pente S_2 =1,25	0	0
Série 3	40	Pente S_3 =1,28	0	0

Avec une valeur moyenne de la pente de la fonction d'étalonnage de 1,26 (voisine de 1) dans les trois séries, la méthode étudiée présente une bonne sensibilité dans la détermination des TBARS, tout en étant non spécifique et non sélective.

1.4. Analyse des critères d'efficacité clinique de la méthode

Tableau 8 : Etude de l'efficacité clinique de la méthode par la comparaison des concentrations des hormones thyroïdiennes et des marqueurs de la lipopéroxydation chez les patients hyperthyroïdiens traités et non traités.

	Eu- thyroïdiens sains n = 15	Hyperthyroïdiens traités n = 15	Hyperthyroïdiens non traités n= 25	P (KW)	Signifi- cation
FT_3 (pmol/l)	5,69±1,17	6,00±2,09	22,86±11,62	0,000	HS
FT_4 (pmol/l)	13,45±2,80	11,40±3,80	44,69±17,31	0,000	HS
TSH µUI/ml	1,57±1,35	0,05± 0,00	0,05± 0,00	0,000	HS
TBARS (nmol/ml)	1,40 ± 0,28	2,90 ± 0,28	4,48 ± 1,17	0,000	HS

L'observation d'une différence significative entre les taux mesures de TBARS des sujets témoins sains, les patients hyperthyroïdiens traités et non traités témoigne de l'existence d'une cohérence objective entre les données biologiques et l'évolution de la situation cliniques.

1.5. Analyse des critères de praticabilité de la méthode utilisée

Tableau 9 : Etude de la praticabilité de la méthode utilisée par comparaison des améliorations apportées à la technique initiale

	Réactifs utilisés	Analyseur de lecture	Mode opératoire	Durée d'exécution	Valeurs normales
Méthode initiale	Tétra- méthoxy- propane	Fluorimètre JY3	3000 tours dosage unique	7 heures	1,20±0,30 nmol/ml MDA
Méthode modifiée	Tétra- éthyl- acétal	Fluorimètre P 450	4000 tours dosage en double	5 heures	1,39±0,02 nmol/ml MDA

Les modifications apportées (réactifs, mode opératoire et appareil de lecture) à la technique initiale de dosage spectrofluorimétrique des TBARS dans le cadre de son adaptation à nos conditions de travail, ont permis de réaliser de modestes améliorations de sa praticabilité.

RESULTATS 2

VALIDATION ANALYTIQUE ET CLINIQUE DE LA TECHNIQUE IMMUNOTECH DE DOSAGE DE LA PTH AU LABORATOIRE

2 Validation analytique et clinique de la méthode Immunotech de dosage de la PTH

2.1 Evaluation analytique de la nouvelle technique Immunotech-PTH de dosage de la PTH

Tableau 10 : Résultats synthétiques de l'évaluation analytique

Trousse Immunotech	moyenne
Répétabilité CV intra- essais	6,5% ± 8,8%
Reproductibilité CV inter- essais	7, 35%- 14,0%
linéarité	1,2
La limite de détection	5 pg/ml
Test de dilution % récupération	96,3 ± 10,2 %
Test décongélation/congélation Signification à 4ème décongélation	-10,8%, p < 0,05

L'ensemble des résultats obtenus au cours de cette évaluation montre une qualité satisfaisante pour la technique Immunotech, comparable à ce que l'on obtient avec d'autres techniques manuelles de dosage de la PTH.

2.2 Evaluation Clinique de la nouvelle technique Immunotech-PTH de dosage de la PTH

Tableau 11 : Résultats synthétiques de l'évaluation clinique

	Groupe HD	Groupe OP
Corrélation avec Ca^{2-} immunotech- PTH	-	(r = 0,36 ; p < 0,0001)
Corrélation avec 25OHD-immunotech PTH -	-	(r = -0,16 ; p < 0,05).
Corrélation avec Allégro-immunotech PTH	(r = 0,95 ; p < 0,001)	(r = 0,984 ; p < 0,0001)
Equivalences entre Allegro-PTH et Immunotech- PTH	156-323 pg/ml Immunotech 150-300 pg/ml Allegro	10-64 pg/ml Immunotech 10-65 pg/ml Allegro
Equivalence si 25 OHD sérique >50 nmol/L	-	10-45 pg/ml Immunotech 10-46 pg/ml Allegro
représentation de Bland-Altman	Absence de biais entre les techniques	Absence de biais entre les techniques
Droite de régression	PTH Immunotech = 1,11 PTH Allegro- 11,5	PTH Immunotech = 0,984 PTH Allegro + 0,3

Cette évaluation montre l'existence d'une corrélation satisfaisante entre la technique Immunotech et la technique de référence Allegro aussi bien chez les patients ostéoporotiques que chez les patients insuffisants rénaux dialysés

PTH Allegro -
PTH Immunotech

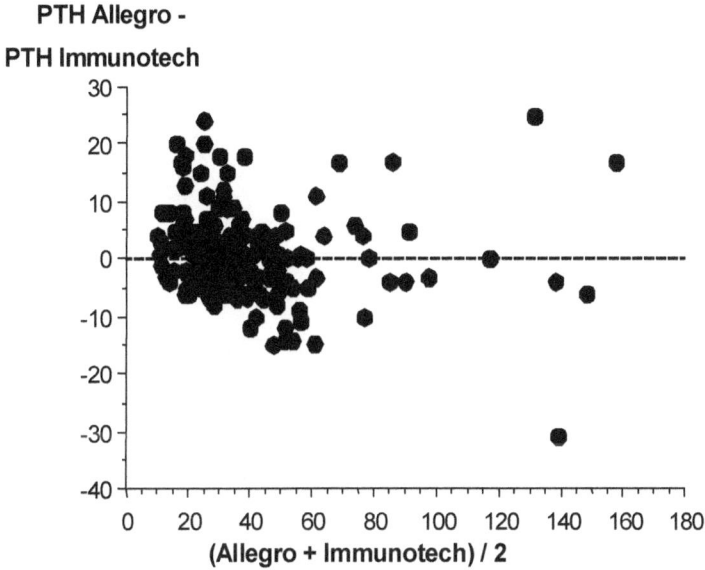

(Allegro + Immunotech) / 2

Figure 9 : représentation de Bland-Altman pour les deux techniques de dosages de la PTH. Valeurs obtenues chez patients ostéoporotiques consécutifs.

Cette représentation montre une absence de biais entre les deux techniques de dosage de la PTH.

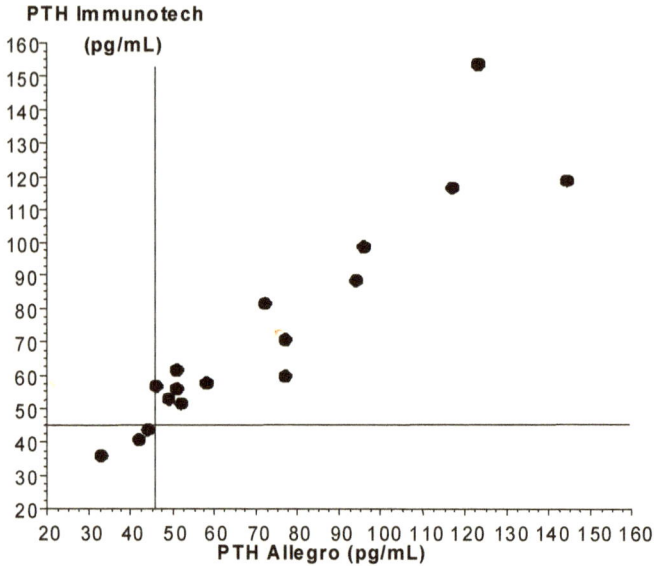

Figure 10 : Validation des résultats par l'étude des concentrations de PTH mesurées avec les deux techniques de dosage testées, chez les patients ayant une hyperparathyroïdie primitive prouvée chirurgicalement.

La limite supérieure des valeurs de référence que nous proposons est matérialisée par une ligne verticale (46 pg/mL) pour la technique Allegro et par une ligne horizontale (45 pg/mL) pour la technique Immunotech.

Trois patients ont une concentration « normale (mais inappropriée à leur hypercalcémie) avec les techniques de dosage (quadrant inférieur gauche), montrant l'intérêt du dosage concomitant du calcium ionisé avec la PTH.

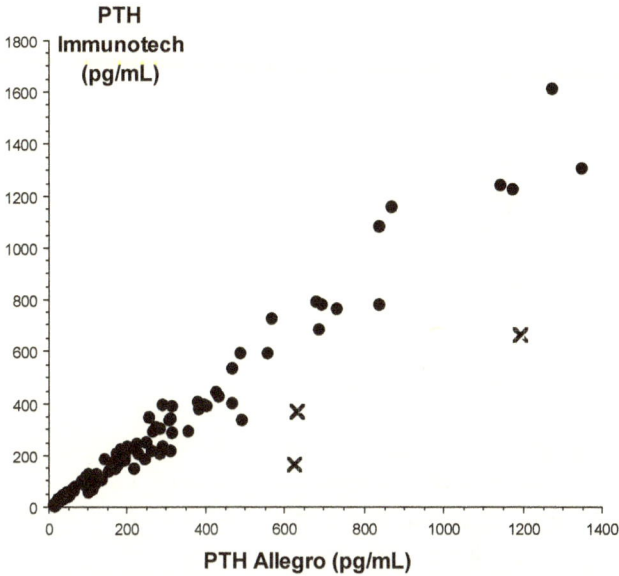

Figure 11 : Validation des résultats par l'étude du nuage de points bivariés représentant les concentrations de PTH mesurées avec les deux techniques testées chez 116 patients IRC en hémodialyse.

Trois patients IRC dialysés ayant des valeurs discordantes avec les 2 techniques sont identifiés par des croix. En les éliminant de l'analyse, l'équation de la droite de régression entre les deux méthodes devient PTH Immunotech = 1,114 Allegro – 11,5.

Cette équation permet de proposer des équivalences entre les deux techniques pour des valeurs seuils décisionnelles à utiliser chez les patients hémodialysés.

RESULTATS 3

EVALUATION EXTERNE DE LA QUALITE DES RESULTATS FOURNIS PAR LES LABORATOIRES DE BIOCHIMIE MEDICALE

3. CONTROLE DE QUALITE INTERLABORATOIRES EN BIOCHIMIE CLINIQUE

3.1 Synthèse des résultats de des analyses des sérums de contrôle fournis par les laboratoires participants au circuit d'inter-comparaison

Tableau n°12 : Indices de comparaison des résultats de chaque laboratoire à la valeur cible

Unités	GLUCOSE				UREE					CREATININE				
	X g/l	R/M	CV%	Ecart relatif	X g/l	R/M	CV%	Ecart relatif	X g/l	R/M	CV%	Ecart relatif	IQCN Q%
Labo1	0,87	1,03	2,5	3,57	0,25	1,04	2,9	4,16	10,8	1,11	7,40	10,65	100
Labo2	0,89	1,06	4,16	5,95	0,25	1,04	2,9	4,16	9,9	1,01	1,02	1,43	91,67
Labo3	0,81	0,96	2,50	-3,57	0,23	0,96	11,66	-4,16	12,45	1,27	19,05	27,56	91,67
Labo4	0,83	0,99	0,83	-1,19	0,28	1,16	2,9	16,67	8	0,82	12,70	-18,03	66,67
Labo5	0,94	1,12	8,33	11,90	0,25	1,04	35,41	4,16	10,5	1,07	5,12	7,58	75
Labo6	0,87	1,03	2,50	3,57	0,22	35,41	5,83	-8,33	8,8	8,8	3,11	-9,83	66,67
Labo7	0,87	1,03	2,50	3,57	0,22	0,92	2,9	-8,33	9	0,92	5,53	-7,78	83,33
Labo8	0,86	1,02	1,66	2,38	0,23	0,96	2,9	-4,16	8	0,82	12,70	-18,03	75
Labo9	0,85	1,01	0,83	1,19	0,23	0,96	2,9	-4,16	8	0,82	12,70	-18,03	75
Labo10	0,61	0,73	19,04	-27,38	0,22	0,92	5,83	-8,33	8,5	0,87	9,12	-12,90	33,33
Labo11	0,89	1,06	4,16	5,96	0,14	0,58	29,46	-41,67	13,55	1,38	23,46	38,83	33,33

Figure n°12 : Repérage des résultats des laboratoires par rapport à la valeur
cible du glucose

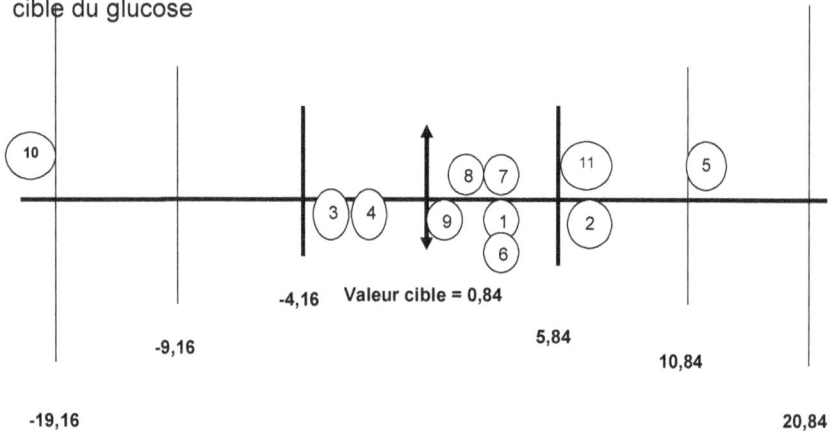

Il est observé concernant le paramètre de la glycémie analysé par 11
laboratoires étudiés, que 63,63%, des résultats fournis sont contenus à
l'intérieur des limites de l'intervalle de confiance à ± 1LA, qui est la zone
d'acceptation sans risque.

Figure n°13 : Repérage des résultats des laboratoires par rapport à la valeur
cible de l'urée

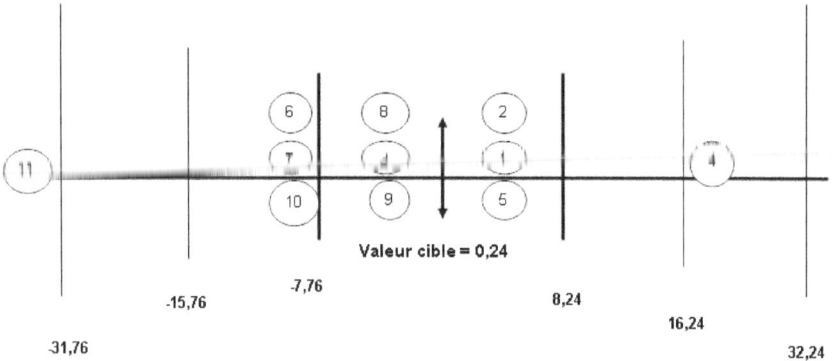

Il est observé concernant le paramètre de l'urémie analysé par 10 laboratoires
étudiés, que 54,54% des résultats fournis sont contenus à l'intérieur des limites
de l'intervalle de confiance à ± 1 LA, qui est la zone d'acceptation sans risque.

Figure n°14 : Reperage des résultats des laboratoires par rapport à la valeur cible de la créatinine

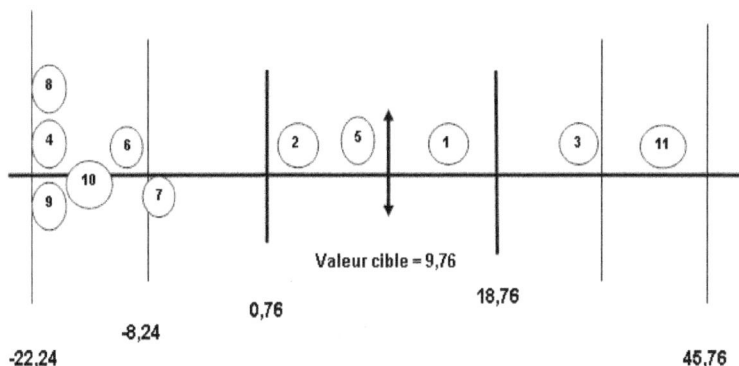

Il est observé concernant le paramètre de la créatinémie analysé par 10 laboratoires étudiés, que 27,27% des résultats fournis sont contenus à l'intérieur des limites de l'intervalle de confiance à ± 1LA, qui est la zone d'acceptation sans risque.

3.2   Classification des laboratoires participants selon leur niveau de performance pour la réalisation des analystes.

Tableau n°13 : Comparaison de l'évaluation des résultats quantitatifs adressé aux laboratoires participants

	Résultat à contrôler	Bon résultat					Résultat à contrôler	
	M - 2 LA	M - 1 LA	M – 0,5 LA	M	M + 0, 5 LA	M + 1 LA	M + 2 LA	

	D-	C-	B-	A-	A+	B+	C+	D+
Glucose	10	-	-	3, 4	1, 6, 7, 8, 9	2, 11	5	-
Urée	11		6, 7, 10	3, 8, 9	1, 2, 5		4	
Créatinine		4, 6, 8, 9, 10	7	2, 5	1	3	11	

Il est constaté que 82% des laboratoires présentent de bons résultats évalués A ou B pour le dosage du glucose et de l'urée contre 54% pour le dosage de la créatinine. 2 laboratoires (labo 10 et labo 11) soit 18% présentent des résultats évalués D- s'écartant très nettement de la valeur cible pour le glucose et l'urée

RESULTATS 4

ACTIVITES D'AUDIT INTERNE DU FONCTIONNEMENT DES LABORATOIRES DE BIOCHIMIE MEDICALE DES CHU D'ABIDJAN

4. COMPARAISON DE L'AUDIT INTERNE DES LABORATOIRES DE BIOCHIMIE MEDICALE DE DEUX CHU D'ABIDJAN

4.1. Répartition des exigences étudiées en fonction de l'échelle de qualité adoptée sur le management des laboratoires de biochimie des CHU de Cocody et de Yopougon

Tableau n°14 : Répartition globale des pratiques de laboratoire étudiées selon leur niveau de conformité au référentiel qualité et en fonction de l'échelle de qualité adoptée

Classifi-cation	Echelle de qualité des exigences	Taux de conformité%	Laboratoire CHU de Cocody		Laboratoire CHU de Yopougon		Total %CHU	
			n	%	n	%	Cocody	Yopougon
Qualité présente	Qualité excellente	100-80	10	9,71	4	3,88	37,86	29,13
	Qualité acceptable	79-60	29	28,15	26	25,24		
Qualité absente	Qualité insuffisante	59-40	39	37,86	35	33,98	62,14	70,87
	Qualité inacceptable	39-0	25	24,27	38	36,89		
Total			103	100	103	100	100	

Le taux de présence de la qualité dans les deux laboratoires de Biochimie clinique inférieur à 40%, traduit une mise en œuvre encore très insuffisante de la démarche qualité.

4.2 - Répartition des exigences de la dimension institutionnelle relative au management de la qualité en fonction de l'échelle de qualité adoptée

Tableau n°15 : Répartition des pratiques institutionnelles étudiées dans les deux laboratoires selon leur niveau de utilisé et en fonction de l'échelle qualité adoptée

Classifi-cation	Echelle de qualité des exigences	Taux de conformité %	Laboratoire CHU de Cocody		Laboratoire CHU de Yopougon		Total % CHU	
			n	%	n	%	Cocody	Yopougon
Qualité présente	Qualité excellente	100-80	7	12,07	2	3,45	41,38	20,69
	Qualité acceptable	79-60	17	29,31	10	17,24		
Qualité absente	Qualité insuffisante	59-40	25	43,10	30	51,72	58,62	79,31
	Qualité inacceptable	39-0	9	15,52	16	27,59		
Total			58	100	58	100	100	

Avec un taux de présence de la qualité de 41,38 %, le laboratoire de Biochimie du CHU de Cocody paraît disposer de meilleures pratiques institutionnelles.

4.3 Répartition des exigences de la dimension Technique relative au management de la qualité des laboratoires en fonction de l'échelle de qualité adoptée

Tableau n°16 : Répartition des pratiques techniques étudiées dans les deux laboratoires selon leur niveau de conformité au référentiel qualité utilisé et en fonction de l'échelle de qualité adoptée

Classi-fication	Echelle de qualité	Taux de conformité%	Laboratoire CHU de Cocody		Laboratoire CHU de Cocody		Total % CHU	
			n	%	n	%	Cocody	Yopougon
Qualité présente	Qualité excellente	100-80	3	6,07	28	4,45	33,33	40,00
	Qualité acceptable	79-60	12	26,67	16	35,55		
Qualité absente	Qualité insuffisante	59-40	14	31,31	5	11,11	66,67	60,00
	Qualité inacceptable	39-0	16	35,55	22	48,89		
Total			45	100	45	100	100	

Le laboratoire de Biochimie clinique du CHU de Yopougon semble relativement disposer de meilleures pratiques techniques dans le domaine du management de la qualité.

4.4 - Répartition des exigences de la dimension sur l'hygiène et la sécurité relative au management de la qualité des laboratoires en fonction de l'échelle de qualité adoptée

Tableau n°17 : Répartition globale des pratiques étudiées selon leur niveau de conformité au référentiel qualité en hygiène et sécurité utilisé

Classification	Echelle de qualité des exigences	Taux de conformité%	Laboratoire CHU de Cocody		Laboratoire CHU de Cocody		Total CHU	
Qualité présente	Qualité excellente	100-80	9	12,55	16	22,22	29,22	48,61
	Qualité acceptable	79-60	12	16,67	19	26,39		
Qualité absente	Qualité insuffisante	59-40	14	19,44	14	19,44	70,78	51,39
	Qualité inacceptable	39-0	49	42,24	23	31,95		
Total			72	100	72	100	100	

Sur les 72 exigences examinées en matière de mise en place d'un système de management de l'hygiène et de sécurité dans les laboratoires étudiés, le laboratoire de biochimie clinique du CHU de Yopougon avec un taux de qualité présente de 48,61% semble disposer des meilleures mesures d'hygiène et de sécurité.

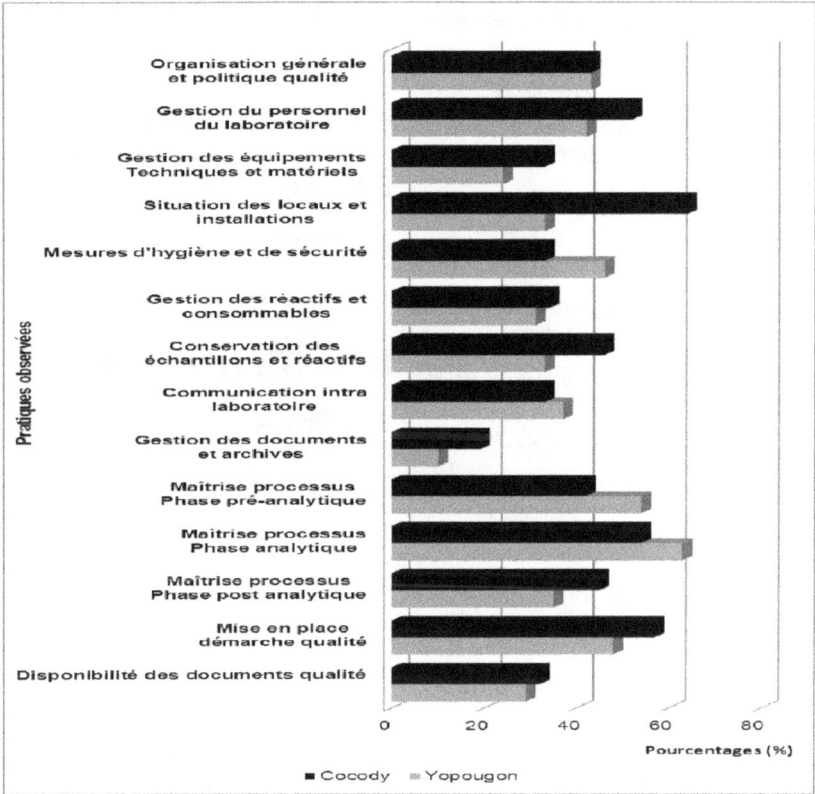

Figure 15 : Etude comparée des taux de conformité des pratiques institutionnelles observées par rapport à celles attendues par paragraphe du référentiel-qualité utilisé.

Les 14 paragraphes de pratiques institutionnelles présentent une moyenne des taux de conformité de 48,57% par le CHU de Cocody et 45,71% pour le CHU de Yopougon.

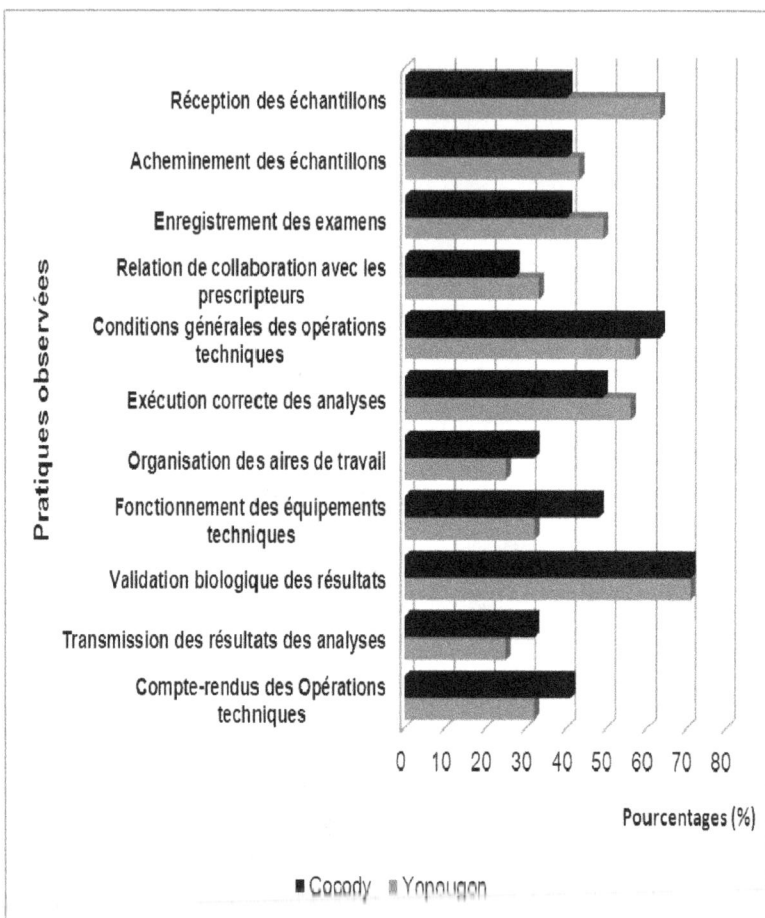

Figure 16 : Etude comparée des taux de conformité des pratiques techniques observées par rapport à celles attendues par paragraphe du référentiel-qualité utilisé

La moyenne des taux de conformité des 11 paragraphes des pratiques techniques est de 44,54% pour le CHU de Cocody et de 46% pour le CHU de Yopougon

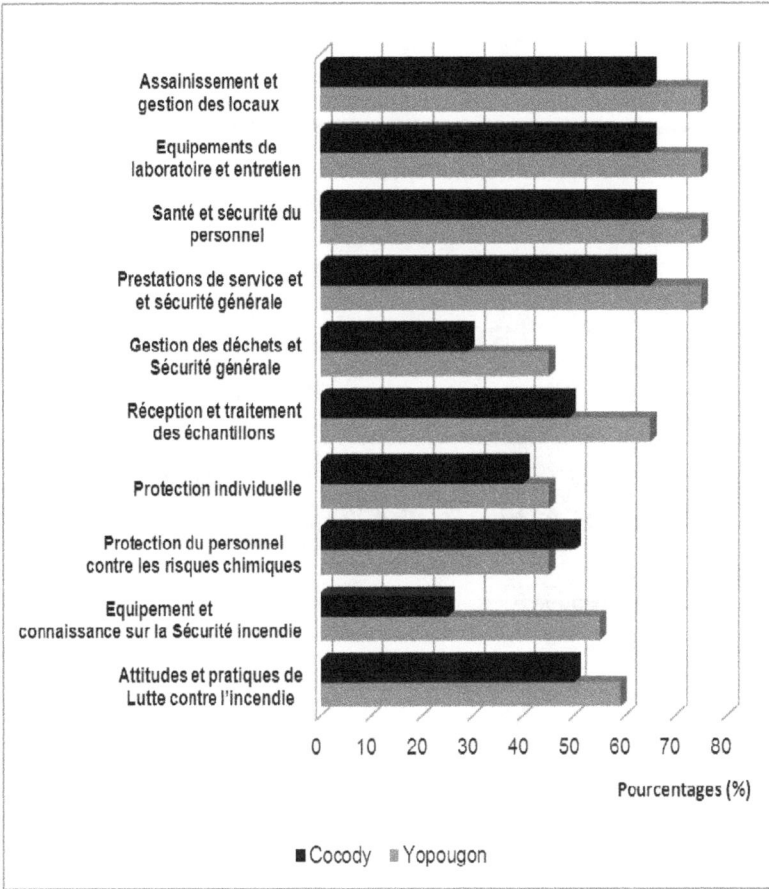

Figure 17 : Analyse détaillée des taux de conformité des règles d'hygiène et de sécurité observées par rapport à celles attendus par paragraphe du référentiel utilisé

Il est observé que les laboratoires de Biochimie des CHU de Cocody et de Yopougon avec des taux moyen de présence de la qualité strictement inférieur à 60%, ne disposent pas d'un système de management de l'hygiène et de la sécurité performant

RESULTATS 5

> **UTILISATION D'OUTILS DE MANAGEMENT DE LA QUALITE AU LABORATOIRE DE BIOLOGIE MEDICALE**

5.1 Résultats de l'analyse fonctionnelle du circuit de la gestion des réactifs et consommables du laboratoire central du CHU de Yopougon

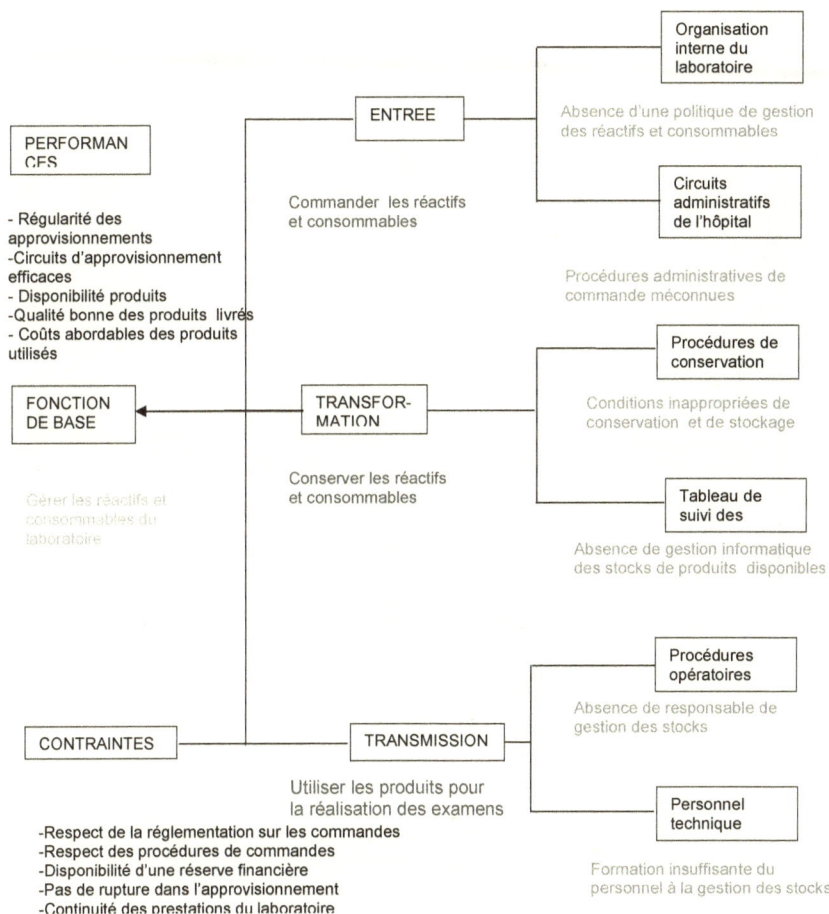

```
                                                    ┌──────────────┐
                                                    │ Organisation │
                                                    │ interne du   │
                                                    │ laboratoire  │
                                       ┌─────────┐  └──────────────┘
                                       │ ENTREE  │  Absence d'une politique de gestion
┌────────────┐                         └─────────┘  des réactifs et consommables
│ PERFORMAN  │                                       ┌──────────────┐
│ CFS        │          Commander les réactifs       │ Circuits     │
                        et consommables              │ administratifs│
- Régularité des                                     │ de l'hôpital │
approvisionnements                                   └──────────────┘
-Circuits d'approvisionnement              Procédures administratives de
efficaces                                  commande méconnues
- Disponibilité produits
-Qualité bonne des produits livrés
- Coûts abordables des produits           ┌──────────────┐
utilisés                                  │ Procédures de│
                                          │ conservation │
┌────────────┐          ┌────────────┐   └──────────────┘
│ FONCTION   │◄─────────│ TRANSFOR-  │   Conditions inappropriées de
│ DE BASE    │          │ MATION     │   conservation et de stockage
└────────────┘          └────────────┘
                        Conserver les réactifs
Gérer les réactifs et   et consommables          ┌──────────────┐
consommables du                                  │ Tableau de   │
laboratoire                                      │ suivi des    │
                                                 └──────────────┘
                                          Absence de gestion informatique
                                          des stocks de produits disponibles

                                          ┌──────────────┐
                                          │ Procédures   │
                                          │ opératoires  │
                                          └──────────────┘
                                          Absence de responsable de
                                          gestion des stocks
┌────────────┐          ┌────────────┐
│ CONTRAINTES│──────────│ TRANSMISSION│
└────────────┘          └────────────┘
                        Utiliser les produits pour
                        la réalisation des examens   ┌──────────────┐
-Respect de la réglementation sur les commandes      │ Personnel    │
-Respect des procédures de commandes                 │ technique    │
-Disponibilité d'une réserve financière              └──────────────┘
-Pas de rupture dans l'approvisionnement     Formation insuffisante du
-Continuité des prestations du laboratoire   personnel à la gestion des stocks
```

Figure 18 : Arbre fonctionnel du processus d'approvisionnements en réactifs et consommables du laboratoire

La construction de l'arbre fonctionnel du circuit de gestion des réactifs et consommables du laboratoire, permet de préciser les fonctions, les performances, les solutions et leurs caractéristiques pour assurer les performances du processus étudié.

5.2 Résultats de l'identification du processus de la gestion des réactifs et consommables du laboratoire central du CHU de Yopougon

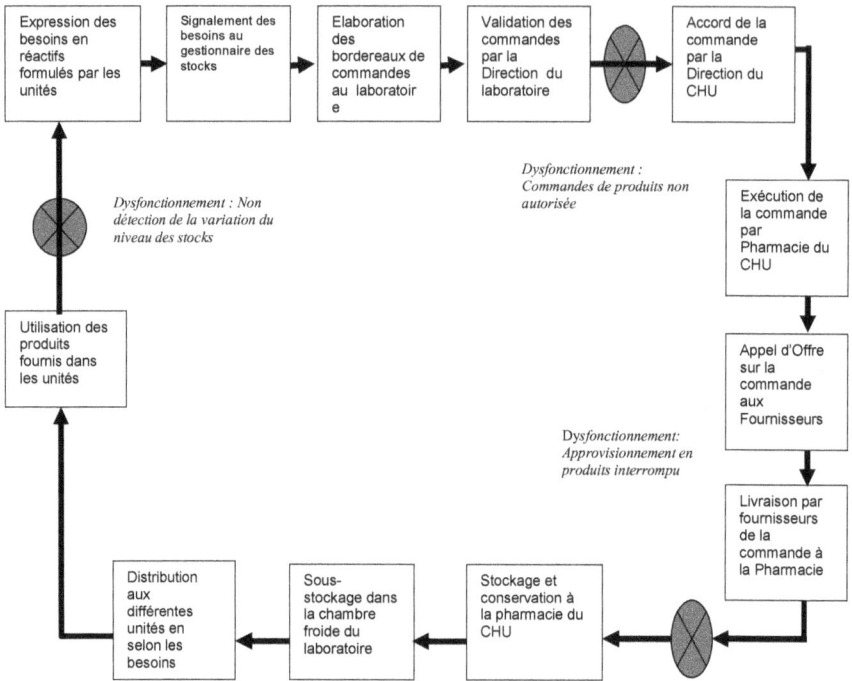

Figure 19 : Identification du processus de gestion des réactifs et consommables au niveau de l'établissement hospitalier

L'identification du processus par décomposition du circuit de gestion des réactifs et consommables en segments, permet de déterminer les limites du processus, de définir trois phases principales composées de quatre étapes, soit au total 12 étapes, et d'identifier les acteurs concernés et impliqués.

5.3 Résultats de la description du processus de la gestion des réactifs et consommables du laboratoire central du CHU de Yopougon

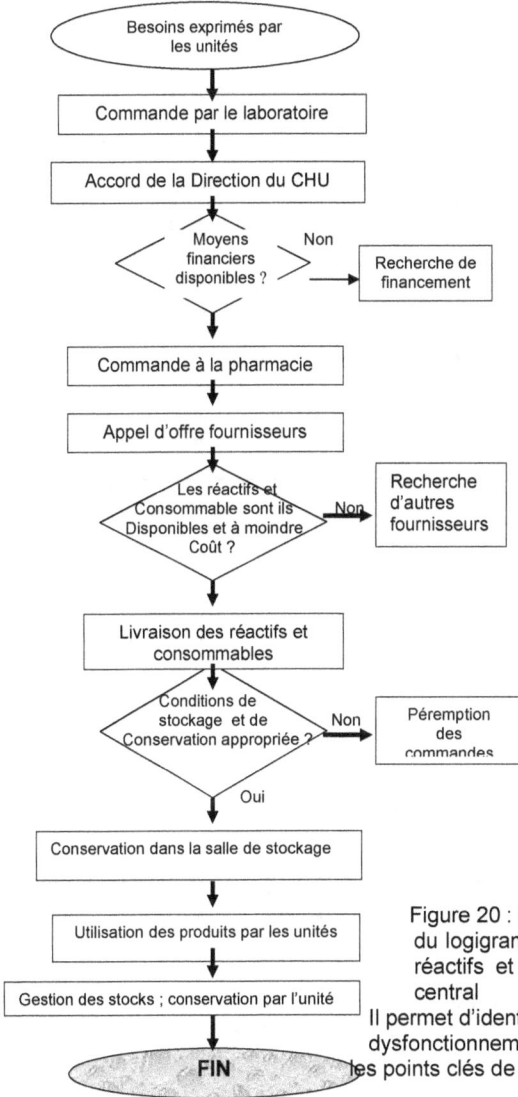

Figure 20 : Schéma du logigramme du processus de gestion réactifs et consommables du laboratoire central Il permet d'identifier les dysfonctionnements potentiels et les points clés de la qualité processus.

5.4 Résultats de la construction du diagramme causes -effet du circuit de gestion des réactifs et consommables du laboratoire central du CHU de yopougon

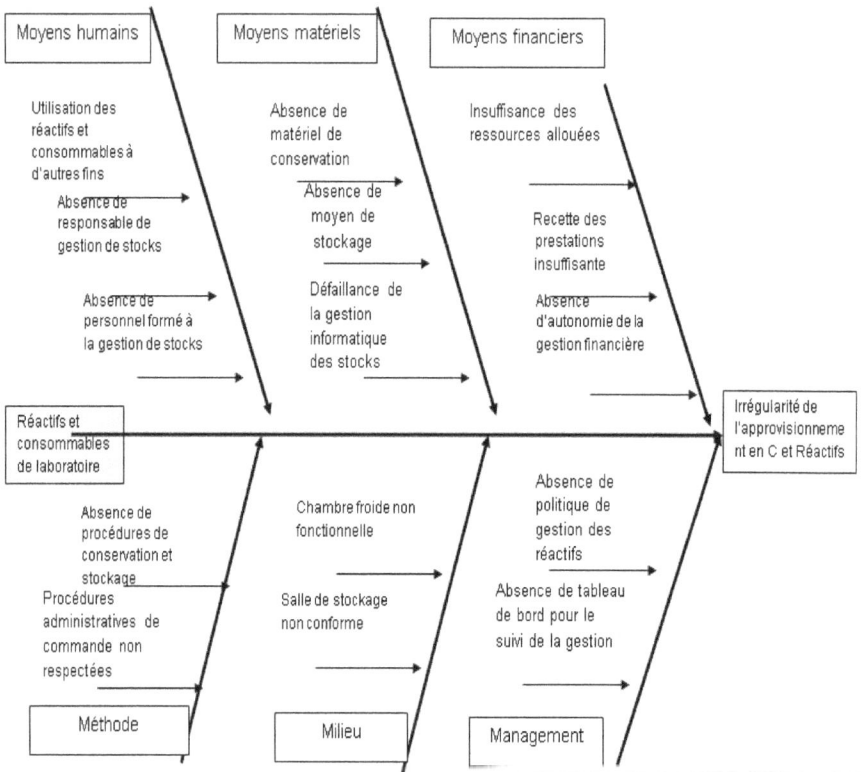

Figure 21 : Diagramme d'analyses des causes- effet de l'irrégularité de l'approvisionnement en réactifs et consommables du laboratoire central du CHU de Yopougon

Le diagramme d'Ichikawa permet de classer par familles et sous-familles, de façon claire, toutes les causes identifiées de l'effet étudié de l'irrégularité de l'approvisionnement en réactifs et consommables du laboratoire.

5.5 Description des étapes constitutives de la méthode AMDEC

Tableau 18 : Principales étapes de la méthode de l'AMDEC appliquée à la gestion des réactifs et consommables au laboratoire

Etapes	Activités de la méthode de l'AMDEC
1	Initialisation de l'étude : définir les objectifs et les limites de l'étude
2	Réunir les acteurs concernés par le processus susceptibles de participer à l'étude
3	Établir la séquence des étapes du processus sous la forme d'un enchaînement d'actions
4	Repérer l'effet de chaque défaillance potentielle sur le processus
5	Identifier des causes des défaillances potentielles par séquence
6	Attribuer à chaque défaillance une note correspondant à la gravité, la probabilité d'occurrence, ainsi que la probabilité de non- détection
7	Calculer la valeur de la criticité
8	Choisir la valeur de la criticité pour laquelle le risque est acceptable
9	Engager un plan d'action pour réduire la valeur de la criticité sur les défaillances où le niveau de risque est jugé inacceptable
10	Réévaluer des risques à l'aide des trois indices précédents et du niveau de criticité, pour ne pas en créer des risques plus importants que ceux qui ont été supprimés

L'étape 3 essentielle au développement de la méthode, a été décrite à travers les figures 1 à 5.

5.6 Cotation des indices de détermination de la criticité des défaillances potentielles identifiées

Tableau 19 : Echelle de notation pour les trois indices permettant le calcul de l'indice de criticité

Gravité (Conséquences Possibles)	Occurrence (fréquence de la défaillance)	Détectabilité (Probabilité de détection)	Note
Impact minime	Fréquence très faible	Probabilité très élevée	1 ou 2
Impact mineur	Fréquence faible	Probabilité élevée	3 ou 4
Impact significatif	Fréquence modérée	Probabilité modérée	5 ou 6
Impact majeur	Fréquence élevée	Probabilité faible	7 ou 8
Impact majeur avec risque pour la continuité	Fréquence très élevée	Probabilité très faible	9 ou 10

5.7 Matrice des résultats de la méthode AMDEC d'étude des défaillances du processus de gestion des réactifs et consommables de laboratoire

Tableau 20 : Résultats de l'étude du processus de gestion des réactifs et consommables de laboratoire

Etapes du processus	Défaillances potentielles des étapes élémentaires	Effets	Causes	Mode de détection	G	0	D	Criticité GXOXD
1. Expression des besoins en réactifs formulés par les unités techniques	Mauvaise indication du type de produits nécessaires	R+/C+	Connaissance et négligence	Audit	9	4	7	252
2. Signalement des besoins en réactifs au gestionnaire des stocks du laboratoire	Procédures de signalement non maîtrisées Retard dans les délais de signalement des besoins	R+/ C+ R+/C+/ D+	Pas de formation du personnel Négligence	Plan de formation Fiches de signalement	7 9	6 7	6 2	256 126
3. Elaboration des bordereaux de commandes par le gestionnaire des stocks	Absence de bordereaux de commande Absence du gestionnaire des stocks	R+/ C+ R+/C+/ D+	Organisation du laboratoire Organisation du laboratoire	Visuel Visuel	9 8	4 3	2 1	72 24
4. Validation des commandes par la Direction du laboratoire	Absence de politique de gestion des réactifs Non respect du circuit d'initiation des commandes	R+/C+/ D+ R+/ C+	Absence de manuel qualité Absence de procédures	Système documentaire Commandes rejetées	9 8	7 2	6 4	378 64
5. Autorisation de la commande par la Direction du CHU	Non autorisation de l'exécution de la commande du laboratoire Lenteur de l'autorisation de la commande	C+/D+/ P+ R+/ C+	Budget insuffisant Organisation administrative	Achat non réalisé Fiches de signalement	9 6	8 8	6 4	432 192
6. Exécution de la commande de produits de laboratoire par Pharmacie du CHU	Absence de procédures d'urgence de commandes Règles administratives de commande non respectées	R+/ C+ R+/ C+	Organisation pharmacie Négligence	Système documentaire Système documentaire	5 6	9 4	2 6	90 144
7. Appel d'offres sur la commande aux fournisseurs agréées	Rupture des stocks en magasins chez les Fournisseurs Retard dans la livraison des produits par les fournisseurs	C+ R+/ C+	Fournisseurs non fiables Non règlement des factures	Marchés Visuel	9 8	2 9	4 2	72 144
8. Stockage et conservation à la pharmacie de la commande livrée	Rupture des stocks en réactifs et consommables à la pharmacie Défaillance de la gestion informatique de stocks	R+/C+/ P+ R+/ C+	Absence de tableau de bord Seuil d'alerte mal défini	Fiches de Suivi stocks Visuel	9 6	7 7	3 2	189 84
9. Planification de la livraison de la commande aux unités du laboratoire	Absence d'affichage de modes opératoires sur la gestion des stocks	R+/ C+	Absence de modes opératoires	Visuel	7	8	2	112
10. Sous-stockage des	Conditions de stockage des produits	R+/ C+	Local inadapté	Visuel	4	5	3	60

produits dans la chambre froide du laboratoire	inappropriées Dégradation des produits au niveau du laboratoire	R+/C+/P +	Conservation inappropriée	Fiche de suivi de stocks	9	4	5	180
11. Distribution des produits au niveau du laboratoire selon les besoins des unités techniques	Absence de responsable de la gestion de stocks par unité Retard de distribution des Produits dans les unités Fréquence de distribution non définie	R+/ C+ R+/C+/ D+ R+/ C+	Responsable s non désignés Personnel insuffisant Absence de planification	Organigramm du laboratoire Visuel Système documentaire	6 8 5	5 8 9	2 4 5	60 256 255
12. Fourniture des produits aux unités pour la réalisation des analyses	Utilisation des réactifs et consommables à d'autres fins Absence d'affichage des procédures opératoires dans les unités	R+/C+/ D+ R+/ C+	Absence de contrôle Organisation du laboratoire	Audit Système documentaire	6 5	5 4	8 2	240 40

5.8 Synthèse de la hiérarchisation des défaillances selon leur niveau de criticité et tenant compte de l'échelle de criticité

Tableau 21 : Classification des défaillances selon la grille d'action adoptée

Classification Des défaillances	Echelle de criticité des défaillances	Nombre de défaillances
Acceptables	Les défaillances à note inférieure à 180 excepté celles ayant un critère supérieur ou égal à 7	06
Importantes	Les défaillances à note comprise entre 180 et 280	09
Graves	Les défaillances à note supérieure à 280	08

Il est observé selon l'échelle de criticité adoptée pour l'analyse des défaillances du circuit de gestion des réactifs et consommables du laboratoire central du CHU de Yopougon, que 74 % des défaillances sont jugés importants dont 35% graves nécessitant une intervention prioritaire d'actions en amélioration.

5.9 Actions correctives des défaillances potentielles du processus de gestion des réactifs et consommables

Tableau 22 : Proposition d'actions correctives à mettre en œuvre et hiérarchisées selon un ordre décroissant de priorité en fonction du seuil de priorité adopté.

Criticité	Actions correctives	Etapes
432	Augmentation de la dotation budgétaire des achats de réactifs et consommables	5
378	Elaboration du manuel qualité du fonctionnement du laboratoire	4
256	Evaluation des besoins en formation et organisation de sessions	2
256	Recrutement de personnel supplémentaire au niveau du laboratoire	11
255	Adoption d'une planification de la distribution des réactifs et consommables	11
252	Mise à disposition des listes de produits utilisés dans les différentes unités	1
240	Organisation de contrôles réguliers de l'utilisation des réactifs et consommables	12
192	Amélioration de l'organisation administrative du circuit des commandes	5
189	Elaboration d'un tableau de bord à jour de suivi des stocks à la pharmacie	8
180	Amélioration des conditions de conservation des réactifs et consommables	10
144	Règlement des factures des fournisseurs dans les délais	6
144	Adoption d'une procédure de contrôle du respect des règles administratives	7
126	Mise en place d'un système de motivation du personnel	2
112	Rédaction et affichage des consignes sur la gestion des stocks dans les unités	9
90	Mise en place de procédures en cas de commandes d'urgence à la pharmacie	6
84	Meilleure définition du seuil d'alerte de rupture de stocks à la pharmacie	8
72	Mise à disposition des unités de bordereaux en quantités suffisantes	3
72	Amélioration des critères de sélection des fournisseurs agréés par l'hôpital	7
64	Rédaction des procédures d'initiation des commandes au niveau du laboratoire	4
60	Mise en conformité du local de la chambre froide du laboratoire	10
60	Désignation d'un responsable de la gestion de stocks par unité	11
40	Rédaction et affichage des procédures opératoires des analyses dans les unités	12
24	Nomination d'un gestionnaire des stocks au niveau du laboratoire	3

RESULTATS 6

METHODES D'EVALUATION ECONOMIQUE DES TESTS BIOLOGIQUES DANS LES LABORATOIRES DE BIOCHIMIE MEDICALE

6. EVALUATION DE L'EFFICACITE ECONOMIQUE DE LA PRESCRIPTION DE L'ALPHA- FOETOPROTEINE

6.1 Etude de la concordance clinico-biologique de la prescription du dosage de l'AFP

Tableau n°23 : Etude de la concordance entre les résultats des analyses biologiques et les hypothèses diagnostiques émises

HYPOTHESES DIAGNOSTIQUES	NOMBRE DE DOSAGE	RESULTATS CONCORDANTS	POURCENTAGE %
Hépatite chronique et Ictère	07	04	03,60
Foie tumorale	60	37	18,92
Cirrhose hépatique	09	06	05,40
Cancer primitif du foie	35	13	04,50
TOTAL	111	58	52,25

On note que le taux de concordance de l'ensemble des prescriptions de l'AFP avec les résultats biologiques est de 52,33% pour les indications hépatiques.

6.2 Etude de la concordance clinico-biologique de la prescription du dosage de l'AFP selon les formations sanitaires d'émission des bulletins d'analyses

Tableau n°24 : Etude de la concordance entre les résultats des analyses et les hypothèses diagnostiques émises selon les formations sanitaires

HYPOTHESES DIAGNOSTIQUES	Centres Hospitaliers Universitaires			Formations Sanitaires Publiques			Formations Sanitaires Privées		
	nb dosage	R cond	%	nb dosage	R cond	%	nb dosage	R cond	%
Hépatomégalie	07	06	85,71	06	04	57,14	19	13	59,09
Ictère	03	03	100	01	00	0,00	03	05	45,45
Foie tumoral	09	08	88,88	03	01	100	16	03	60,00
Cirrhose hépatique	06	03	100	01	00	0,00	02	00	0,00
Cancer primitif du foie	04	03	75	00	00	0,00	06	02	33,33
Bilan hépatique	06	02	50	06	01	0,00	14	02	50
TOTAL	35	26	74,28	16	06	37,50	60	25	41,67

Avec 74,28% de taux de concordance clinico- biologique observée, les prescriptions provenant des CHU semblent être les plus rigoureuses, suivies de celles des formations sanitaires privées avec 41,67%

6.3 Analyse de la concordantes et de la performance entre les résultats des analyses et les hypothèses diagnostiques émises   selon les formations sanitaires

Tableau n°25 : Etude synthétique de la concordantes et de la performance entre les résultats des analyses et les hypothèses diagnostiques émises   selon les formations sanitaires

HYPOTHESES DIAGNOSTIQUES	NOMBRE DE DOSAGE	NOMBRE CONCOR-DANTS	CONCOR-DANCE	PERFORMANCE
Centres Hospitaliers Universitaires	35	26	74,28	45,61%
Formations Sanitaires Publiques	16	06	37,50%	10,53%
Formation Sanitaires Privées	60	25	41,67%	43,86%
TOTAL	111	57	-	100

Sur les 57 dosages concordants, 89,47% des prescriptions performants proviennent des CHU et des formations sanitaires privées.

6.4. Etude du rapport coût- efficacité de la prescription d'AFP selon les formations sanitaires d'émission

Tableau n°26 : Etude du rapport coût- performance de la prescription de l'alphafoeto-protéine selon les établissements de santé prescripteurs

	Centres Hospitaliers Universitaires	Formations Sanitaires Publiques	Formations Sanitaires Privées	TOTAL
Résultats concordant	26	06	25	57
Résultats non concordants	09	10	35	54
Performance de prescription	45,61%	10,53%	43,86%	100
Rapport coût - performance	1,3	2,6	2,4	1,9

L'analyse du rapport coût- performance de l'ensemble des 111 prescriptions d'analyses de l'alphafoeto-protéine montre un radio moyen de 1,9. On note que le rapport observé au niveau des CHU très proche de 1, est le meilleur de trois établissements de santé étudiés.

RESULTATS 7

METHODES D'EVALUATION DE LA GESTION METROLOGIQUE DES EQUIPEMENTS ET INSTRUMENTS DE MESURE

7.1 ETUDE DE LA QUALITE METROLOGIQUE DES EQUIPEMENTS ET INSTRUMENTS DE MESURES UTILISES DANS LES LABORATOIRES DE BIOCHIMIE MEDICALE

7.1.1 Etude de la qualité métrologique des équipements et instruments de mesure liée à l'environnement de travail

TABLEAU 27 : Répartition des locaux des trois laboratoires de Biochimie selon la qualité de leur environnement

Locaux (n) et Environ-nement	Laboratoire CHU de Cocody			Laboratoire CHU de Treichville			Laboratoire CHU de Yopougon			Total Conformité	
	n	Con-forme	%	n	Con-forme	%	n	Con-forme	%	n	%
Température	16	10	62,50	13	8	61,54	10	6	60	24	61,34
Hygrométrie	16	8	50	13	7	53,85	10	6	60	21	53,85
Réseau électrique	16	10	62,50	13	8	61,54	10	7	70	25	64,10
Rayonnement solaire	16	12	75	13	9	69,23	10	10	100	22	79,49
Poussières sur équipements	16	7	43,75	13	8	61,54	10	7	70	22	56,41
Etat de propreté des locaux	16	6		13	8		10	7	70	21	53,85
Revêtements sols et paillasses	16	16	100	13	13	100	10	10	100	39	100

Une moyenne de 67% des locaux des laboratoires de Biochimie clinique visités présente des conditions environnementales conformes aux exigences du référentiel.

7.1.2 Etude de la qualité métrologique des équipements et instruments de mesure liée à l'état de fonctionnement

TABLEAU 28 : Répartition des équipements et instruments de mesure des trois laboratoires selon leur état de fonctionnement par catégorie

Equipements de mesure	Laboratoire CHU de Cocody			Laboratoire CHU de Treichville			Laboratoire CHU de Yopougon			Total Conformité	
	n	Con-forme	%	n	Con-forme	%	n	Con-forme	%	n	%
Auto analyseurs	15	4	26,66	9	4	44,44	7	3	42,85	11	35,43
Balances	6	4	66,66	1	1	100	1	1	100	6	75
Volumes	21	8	38,09	4	1	25	4	1	25	10	34,48
Thermostatés	10	7	70	5	1	20	0	0	0	8	53,33
Climatiques	6	2	33,33	2	1	50	3	1	33,33	4	36,36
Temps	4	1	25	3	1	33,33	4	2	50	4	36,36
Intermédiaires	20	16	80	6	4	66,66	4	2	50	22	73,33
TOTAL	82	42	51,22	30	13	43,33	23	10	43,48	65	48,15

Seulement 48,15% des équipements et instruments de mesure de l'ensemble des trois laboratoires sont fonctionnels avec un meilleur score pour le laboratoire du CHU de Cocody.

7.1.3 Etude de la qualité métrologique des équipements et instruments de mesure liée à la connaissance de leur date de réception

TABLEAU 29 : Répartition des équipements et instruments de mesure des laboratoires selon la connaissance de leur date de réception

Equipements de mesure	Laboratoire CHU de Cocody			Laboratoire CHU de Treichville			Laboratoire CHU de Yopougon			Total Conformité	
	n	Con-forme	%	n	Con-forme	%	n	Con-forme	%	n	%
Auto analyseurs	15	14	93,33	9	7	77,77	7	7	100	28	90,32
Balances	6	2	33,33	1	0	0	1	1	100	3	37,50
Volumétries	21	5	23,81	4	0	0	4	4	100	9	31,03
Thermostatés	10	5	50	5	0	0	0	0	0	5	45,45
Climatiques	6	2	33,33	2	0	0	3	1	33,33	3	27,27
Temps	4	0	0	3	0	0	4	1	25	1	9,09
Intermédiaires	20	8	40	6	3	50	4	4	100	15	50
TOTAL	82	36	43,90	30	10	33,33	23	18	78,26	64	47,41

Le laboratoire de Biochimie du CHU de Yopougon paraît mieux informé sur l'histoire de ses équipements et instruments de mesures avec la connaissance de la date de livraison de 78,26% de son plateau technique

6.1.4 Etude de la qualité métrologique des équipements et instruments de mesure liée à la connaissance de leur date de mise en route

TABLEAU 30 : Répartition des équipements et instruments de mesure des trois laboratoires selon la connaissance de la date de mise en route

Equipements de mesure	Laboratoire CHU de Cocody			Laboratoire CHU de Treichville			Laboratoire CHU de Yopougon			Total Conformité	
	n	Con-forme	%	n	Con-forme	%	n	Con-forme	%	n	%
Auto analyseurs	15	11	73,33	9	7	77,77	7	6	85,71	24	77,42
Balances	6	6	100	1	1	100	1	1	100	8	100
Volumes	21	21	100	4	4	100	4	4	100	29	100
Thermostatés	10	10	100	5	5	100	0	0	0	15	100
Climatiques	6	6	100	2	2	100	3	3	100	11	100
Temps	4	4	100	3	3	100	4	4	100	11	100
Intermédiaires	20	18	90	6	5	86,	4	4	100	27	90
TOTAL	82	76	92,68	30	27	90	23	22	95,65	125	92,59

Plus de 90% des équipements et instruments de mesure des trois laboratoires ont leur date de mise en route connue du personnel.

7.1.4 Etude de la qualité métrologique des équipements et instruments de mesure liée à l'état de maintenance et d'entretien

TABLEAU 31: Répartition des équipements et instruments de mesure des trois laboratoires selon leur état de maintenance et d'entretien

Equipements de mesure	Laboratoire CHU de Cocody			Laboratoire CHU de Treichville			Laboratoire CHU de Yopougon			Total Conformité	
	n	Con-forme	%	n	Con-forme	%	n	Con-forme	%	n	%
Auto analyseurs	15	2	13,33	9	1	11,11	7	3	42,86	6	19,35
Balances	6	0	0	1	0	0	1	0	0	0	0
Volumes	21	0	0	4	1	25	4	0	0	1	3,45
Thermostatés	10	1	10	5	0	0	0	0	0	1	6,67
Climatiques	6	1	16,67	2	0	0	3	1	33,33	2	18,18
Temps	4	0	0	3	1	33,33	4	2	50	3	27,27
Intermédiaires	20	2	80	6	2	33,33	4	1	25	5	16,67
TOTAL	82	6	6,97	30	5	16,66	23	7	30,43	18	13,33

L'entretien régulier et la maintenance du plateau technique ne concernent que 13,33% des équipements et instruments de mesure étudiés dans les trois laboratoires de Biochimie clinique.

7.1.5 Etude de la qualité métrologique des équipements et instruments de mesure liée à la connaissance de la date des dernières pannes

TABLEAU 32 : Répartition des équipements et instruments de mesure des trois laboratoires selon la connaissance de la date des dernières pannes

Equipements de mesure	Laboratoire CHU de Cocody			Laboratoire CHU de Treichville			Laboratoire CHU de Yopougon			Total Conformité	
	n	Con-forme	%	n	Con-forme	%	n	Con-forme	%	n	%
Auto analyseurs	15	5	33,33	9	2	2	7	2	28,57	9	29,03
Balances	6	0	0	1	0	0	1	0	0	0	0
Volumes	21	5	23,81	4	0	0	4	0	0	5	17,24
Thermostatés	10	1	10	5	0	0	0	0	0	1	6,67
Climatiques	6	0	0	2	0	0	3	0	0	0	0
Temps	4	0	0	3	0	0	4	0	0	0	0
Intermédiaires	20	1	5	6	3	50	4	0	0	4	13,33
TOTAL	82	12	14,63	30	2	6,66	23	2	8,69	16	11,85

Moins de 15% des équipements et instruments de mesure des laboratoires visités font l'objet d'une procédure connue de gestion des pannes liées à leur fonctionnement.

RESULTATS 8

ETUDE DE LA QUALITE REDACTIONNNELLE DE LA PRESCRIPTION DES ANALYSES DE BIOCHIMIE MEDICALE

8 ENQUETES SUR LES PRATIQUES REDACTIONNELLES DES ORDONNANCES DE BIOCHIMIE MEDICALE PAR LES PRATICIENS

8.1 Analyse des informations sur les coordonnées des formations sanitaires d'émission des prescriptions

Tableau n°33 : Renseignements fournis sur les coordonnées des formations sanitaires d'émission des prescriptions

EXIGENCES	Centres Hospitaliers Universitaires n	%	Formations Sanitaires Publiques n %		Formations Sanitaires Privées n	%	TOTAL n	%
Inscription du nom du Centre de Santé	30	27,03	16	14,41	60	54,05	106	95,49
Mention de l'adresse du Centre	05	04,50	0	0,00	60	54,05	05	58,56
Nom du service demandeur	35	31,53	16	14,41	60	54,05	111	100
Pose du cachet du service	32	28,83	14	12,61	54	48,65	100	90,10

En dehors de la mention de l'adresse de la formation sanitaire, plus de 90% des centres d'émission des bulletins d'analyses indiquent les informations utiles à leur identification.

8.2 Analyse des informations sur la forme et la présentation des bulletins d'analyses

Il est observé que près de 18% des bulletins d'analyses étudiés sont délivrés sous des formes inappropriées.

Tableau n°34 : Renseignements fournis sur la forme et la présentation des bulletins d'analyses

EXIGENCES	Centres Hospitaliers Universitaires		Formations Sanitaires Publiques		Formations Sanitaires Privées		TOTAL	
	n	%	n	%	n	%	n	%
Bulletins d'analyses imprimés	23	20,72	11	09,91	60	54,05	94	84,58
Mention lisible des données	25	22,52	08	07,21	50	45,04	83	74,77
Prescription sur feuille d'ordonnance	12	10,81	05	04,50	00	00	17	15,31

8.3 Analyse des informations sur les spécimens biologiques à analyser par le laboratoire

Tableau n°35 : Renseignements fournis sur les spécimens biologiques à analyser par le laboratoire

EXIGENCES	Centres Hospitaliers Universitaires		Formations sanitaires Publiques		Formations Sanitaires Privées		TOTAL	
	n	%	n	%	n	%	n	%
Nature de l'échantillon	27	12,02	16	14,41	60	54,05	103	92,79
Particularités du prélèvement	3	02,07	0	0,00	0	0,00	3	02,07

Il est observé que les problèmes liés à l'échantillon biologique portant sur la qualité du prélèvement, et ses particularités ne sont que rarement indiquées sur les bulletins d'analyses.

8.4 Analyse des informations sur les conditions de prélèvements respectés par le prescripteur

Tableau n°36 : Renseignements fournis sur les conditions de prélèvements respectés par le prescripteur

EXIGENCES	Centre Hospitaliers Universitaires		Formations sanitaires Publiques		Formations Sanitaires Privées		Total	
	n	%	n	%	n	%	n	%
Mention de l'heure du prélèvement	00	0,00	00	0,00	00	0,00	00	0,00
Nature des médicaments utilisés	00	0,00	00	0,00	00	0,00	00	0,00
Mention de la date de prescription	33	29,73	16	14,41	60	54,05	109	98,20

Exception faite de la date de prescription, les informations sur les conditions de prélèvement des spécimens ne sont pas mentionnées de manière irrégulière sur les bulletins d'analyses.

8.5 Analyse des informations sur le niveau de qualification du prescripteur de l'analyse d'aphafoeto-protéine

Tableau n°37 : Renseignements fournis sur le niveau de qualification du prescripteur de l'analyse d'aphafoeto-protéine

EXIGENCES	Centres Hospitaliers Universitaires		Formations sanitaires Publiques		Formations Sanitaires Privées		Total	
	n	%	n	%	n	%	n	%
Prescription par un médecin	21	18,92	13	11,71	40	36,04	74	66,67
Signature du prescripteur	03	29,73	16	14,41	60	54,05	102	98,20
Prescription Médecin spécialiste	06	5,40	00	0,00	20	18,02	26	23,42

Sur l'ensemble des formations sanitaires de provenances des patients, il est constaté que la prescription de l'AFP a été réalisée dans 8,11% cas par des non médecins, surtout dans les formations sanitaires publiques.

8.6 Analyse des informations sur la rigueur observée dans la mention des orientations cliniques

Tableau n°38 : Renseignements fournis sur la rigueur observée dans la mention des orientations cliniques

EXIGENCES	Centres Hospitaliers Universitaires		Formations sanitaires Publiques		Formations Sanitaires Privées		TOTAL	
	n	%	n	%	n	%	n	%
Mention d'hypothèses diagnostiques	26	23,42	10	09,00	36	32,43	72	64,86
Mention de symptômes cliniques	01	0,20	05	04,50	13	11,71	19	17,12
Mention de bilan de contrôle tumoral	08	7,20	01	0,9	11	09,91	20	18,02

Il est observé que sur les 111 bulletins d'analyses étudiés, 64,86% ont une formulation diagnostique conforme aux indications de prescription du dosage de l'AFP en médecine clinique.

8.7 Analyse synthétique de la régularité technique de bulletins d'analyses émis

Tableau n° 39 : Répartition des bulletins d'analyses selon leur niveau de régularité technique selon le type de formation sanitaire d'émission

EXIGENCES	Centres Hospitaliers Universitaires		Formations sanitaires Publiques		Formations Sanitaires Privées		TOTAL	
	n	%	n	%	n	%	n	%
Bulletins réguliers	27	24,32	14	12,61	54	48,65	95	85,58
Bulletins irréguliers	08	07,21	02	01,80	06	5,40	16	14,41
	35		16		60		111	100

Il est noté un taux d'irrégularités techniques sur la rédaction des bulletins d'analyses de 14,41% avec une prévalence plus élevée au niveau des centres hospitaliers universitaires

8.8 Analyse synthétique du respect des exigences de la régularité technique de bulletins d'analyses émis

Tableau n° 40 : Répartition des critères de qualité rédactionnelle des bulletins d'analyses selon leur niveau de régularité technique selon le type d'établissement

EXIGENCES	Centres Hospitaliers Universitaires (35)	Formations Sanitaires Publiques (16)	Formations Sanitaires Privées (60)	TOTAL (111)
	%	%	%	%
Coordonnées de l'établissement	37,5	31,7	64,2	86,4
Forme des bulletins d'analyses	57,14	50	61,11	58,25
Nature des spécimens biologiques	42,85	50	50	47,43
Respects des exigences de prélèvements	31,43	33,33	33,33	32,73
Niveau de qualification du prescripteur	28,57	60,42	66,67	62,76
Rigueur des orientations cliniques	33,33	33,33	33,33	33,33

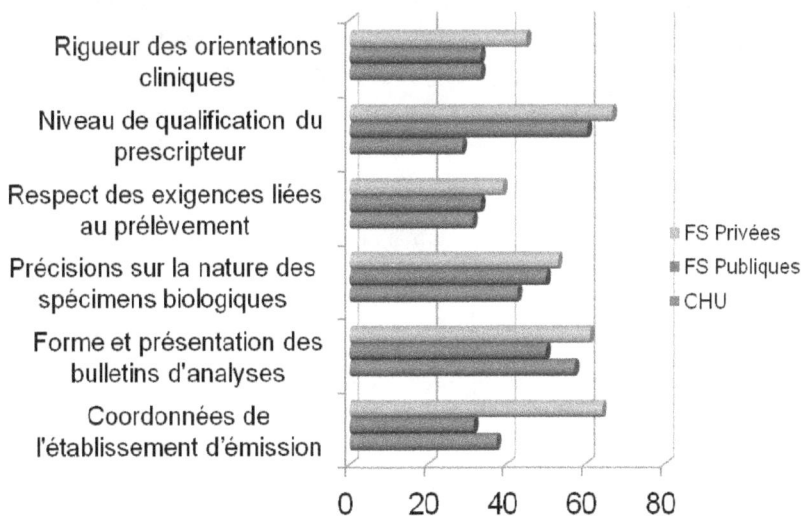

Figure 22 : Représentation graphique des critères de qualité rédactionnelle des bulletins d'analyses

RESULTATS 9

ETUDE DU DEGRE DE SATISFACTION DES USAGERS DU LABORATOIRE CENTRAL DU CHU DE YOPOUGON

8. ETUDE DU DEGRE DE SATISFACTION DES USAGERS DU LABORATOIRE CENTRAL DU CHU YOPOUGON

A – AVIS SUR LA FREQUENTATION DU LABORATOIRE

8.1.1. Répartition selon le nombre de recours au laboratoire central du CHU de Yopougon

Tableau 40 : Répartition des usagers selon le nombre de recours

	EFFECTIF	POURCENTAGE
1ère fois	324	54%
Plusieurs fois	276	46%
Total	600	100

Le taux des avis sur la fréquentation multiple et régulière du laboratoire de 46%, traduit une fidélisation très faible des usagers. Les 34 % d'enfants de 5 à 10 ans de l'enquête ont participé à l'entretien à travers les réponses des parents ou accompagnateurs.

8. 1.2. Répartition selon les raisons évoquées pour la première fréquentation du CHU de Yopougon par les nouveaux cas

Tableau 41 : Répartition des nouveaux cas selon les raisons de la première fréquentation du laboratoire

RAISONS	EFFECTIF	POURCENTAGE
Manque de moyen	60	18,52%
Crainte des résultats	84	25,93%
Peur du prélèvement (aiguille)	36	11,11%
Mauvaise réputation du CHU	144	44,44%
Total	324	100

La mauvaise réputation du CHU et la crainte des résultats sur le diagnostic d'une éventuelle pathologie, constituent les principales raisons évoquées pour expliquer la première fréquentation du laboratoire par les nouveaux cas.

8. 1.3. Répartition selon le motif du choix du CHU de Yopougon

Tableau 42 : Répartition des usagers selon les raisons du choix du CHU de yopougon

MOTIF DU CHOIX	EFFECTIF	POURCENTAGE
Pour sa proximité	168	28%
Sur recommandation	300	50%
Bonne réputation	120	20%
Pas de réponse	12	2%
Total	600	100

Le motif du choix de la fréquentation du laboratoire le plus évoqué (50% des usagers) est la recommandation des médecins traitants.

8. 1.4. Répartition selon le type de demande d'analyses

Tableau 43 : Répartition des usagers selon le type d'analyses biologiques

PARAMETRES	EFFECTIF	POURCENTAGE
Biochimie	252	42%
Hématologie	138	23%
Bactériologie	90	15%
Parasitologie	66	11%
Immunologie	54	9%
Total	600	100

Bien qu'un usager du laboratoire central du CHU de Yopougon puisse être porteurs de bulletins d'analyses pouvant concernés des unités différentes, l'unité de Biochimie médicale avec 42% des paramètres biologiques demandés paraît la plus sollicitée.

8. 1.5. Répartition selon l'appréciation sur le coût des analyses

Tableau 44 : Répartition selon l'avis des clients sur le coût des analyses

COUT	EFFECTIF	POURCENTAGE
Cher	372	62%
Moins cher	36	6%
abordable	192	32%
Total	600	100

62% des usagers estiment que les coûts pratiqués dans le laboratoire pour la réalisation des analyses sont inabordables.

8. 1.6. Répartition selon l'existence d'une couverture médicale

Tableau 45 : Répartition des clients selon l'existence d'une couverture médicale

COUVERTURE SOCIALE	EFFECTIF	POURCENTAGE
Assurance	30	5%
Mutuelle de santé	150	25%
Projet enfant	90	15%
Rien	330	55
Total	600	100

Plus de la moitié des usagers du laboratoire central interrogés n'ont aucune couverture sociale ou de contrat de couverture du risque de maladie avec une maison d'assurance de la place.

B – AVIS SUR LES PRESTATIONS NON MEDICALES

8.2.1. Répartition selon la qualité de l'accueil au bureau des entrées

Tableau 46 : Répartition des avis selon la qualité de l'accueil à l'entrée

ACCUEIL AU CHU	EFFECTIF	POURCENTAGE
Très satisfait	60	10%
Satisfait	456	76%
insatisfait	84	14%
Total	600	100

Le nombre de clients insatisfaits de l'accueil reçu au bureau des l'entrées du CHU de Yopougon est 14%.

8.2.2. Répartition selon les appréciations sur la durée en salle d'attente

Tableau 47 : Répartition selon les avis des clients de la durée d'attente au laboratoire

DUREE D'ATTENTE	EFFECTIF	POURCENTAGE
Trop longue	120	20%
Longue	252	42%
Courte	228	38%
Total	600	100

Il est noté que la durée d'attente en salle de réception du laboratoire est estimée longue pour 62% des usagers.

8.2.3. Répartition selon les avis sur les prestations hôtelières

Tableau 48 : Répartition selon des avis sur les prestations hôtelières du laboratoire central (hygiène, confort, bruit)

PRESTATIONS HOTELIERES	EFFECTIF	POURCENTAGE
Très satisfait	150	28%
Satisfait	258	43%
Non satisfait	192	32%
Total	600	100

Il est observé que 68% des usagers sont satisfaits des prestations hôtelières du laboratoire central du CHU de Yopougon.

C – AVIS SUR LA QUALITE DE LA PRISE EN CHARGE DES PATIENTS

8.3.1. Répartition selon les avis sur la confidentialité de la remise des résultats

Tableau 49 : Répartition selon la confidentialité dans la remise des résultats

CONFIDENTIALITE	EFFECTIF	POURCENTAGE
Oui	300	50%
Non	180	30%
Sans opinion	120	20
Total	600	100

Il est noté que 50% des usagers ne sont pas satisfait du non respect par le personnel du laboratoire, du principe de la confidentialité dans la transmission des résultats d'analyses.

8.3.2. Répartition selon l'amabilité du personnel du laboratoire

Tableau 50 : Répartition des avis selon l'attention humaine du personnel

AMABILITE	EFFECTIF	POURCENTAGE
Beaucoup d'attention	270	45%
Peu d'attention	300	50%
Absence d'attention	30	5%
Total	600	100

Environ 55% des usagers se déclarent peu satisfaits de l'amabilité du personnel du laboratoire central du CHU de Yopougon.

8.3.3. Répartition selon les renseignements fournis aux usagers sur les résultats d'analyses

Tableau 51 : Répartition des avis sur la qualité de l'information médicale

INFORMATIONS MEDICALES	EFFECTIF	POURCENTAGE
Très satisfait	12	2%
Satisfait	360	60%
Non satisfait	228	38%
Total	600	100

Seulement 62% des usagers paraissent satisfaits des informations médicales fournies sur leurs résultats par le personnel du laboratoire à leur demande.

8.3.4. Répartition selon l'impression globale sur les prestations du laboratoire

Tableau 52 : Répartition des avis selon l'impression général sur le passage dans le laboratoire central

IMPRESSION GLOBALE	EFFECTIF	POURCENTAGE
Satisfait	330	55%
Non satisfait	210	35%
Sans opinion	60	10%
Total	600	100

Près de 45% des usagers du laboratoire central du CHU de Yopougon affichent un niveau de satisfaction mitigé de leur bref passage dans le laboratoire.

CHAPITRE IV

DISCUSSION

L'analyse des résultats de l'utilisation des outils d'évaluation médicale a été réalisée à partir d'une structuration des interventions, se conformant aux cinq principaux domaines de l'évaluation médicale [12] que sont :

1) Etude de la satisfaction des patients, 2) Qualité des pratiques en médecine générale en rapport avec les laboratoires, 3) Qualité des pratiques professionnelles de laboratoire, 4) Amélioration de la qualité en établissement de santé, 5) Qualité clinique et économique des technologies médicales.

1. Etude du degré de satisfaction des patients

> **Etude de la perception des usagers sur la qualité des prestations fournies par le laboratoire central du CHU de Yopougon** [80]

Le but de cette étude était d'évaluer le degré de satisfaction des usagers du laboratoire central du CHU de Yopougon sur la qualité des prestations fournies dans le cadre de la réalisation des analyses de biologie médicale.

Selon l'OMS, la mesure de la satisfaction des patients fait partie de l'évaluation de la qualité des soins, puisque celle-ci est une démarche qui permet de garantir à chaque patient des actes assurant le meilleur résultat en terme de santé au meilleur coût, et pour sa plus grande satisfaction en termes de procédures, de résultats et de contacts humains à l'intérieur du système de soins.

Ainsi pour Pascoe [81], la satisfaction est définie comme étant la réaction du patient à son expérience personnelle dans les services selon deux approches : une évaluation cognitive (notion de connaissances) et une réaction émotionnelle (domaine affectif) aux structures, processus et résultats des services. Elle peut aussi être définie comme l'évaluation de la réponse aux attentes implicites et explicites du patient [82].

La mesure de la satisfaction des patients permet donc de connaître l'opinion des patients sur les différentes composantes humaines, techniques et logistiques, de leur prise en charge [83, 84].

Le taux de satisfaction permet de mesurer une évaluation personnelle de la prise en charge qui ne peut être appréhendée par une observation directe des soins [81]. Il est ainsi le reflet des préférences personnelles du patient, de ses attentes, et de la réalité de la prise en charge [85].

En Côte d'Ivoire, l'analyse du degré de satisfaction des usagers des établissements sanitaires est un concept insuffisamment mesuré [86], justifiant cette évaluation préliminaire de la perception des usagers sur la qualité des prestations du laboratoire central du CHU de Yopougon.

D'une durée de deux mois, l'enquête a concerné 600 usagers du laboratoire recrutés de manière successive, et s'est articulée autour de 14 items repartis en quatre axes portant sur : la collecte des données sur les caractéristiques sociodémographiques, des avis sur la fréquentation et l'accueil, les prestations non médicales et la prise en charge au sein du laboratoire.

Les résultats obtenus ont montré un taux de satisfaction moyen de 55% lié à une faible capacité de fidélisation de la clientèle (46%), au coût élevé des analyses et à la longue durée d'attente (62%), à l'insuffisance du respect de la confidentialité (50%) et au manque d'attention (55%) du personnel du laboratoire central.

Il en ressort que cette enquête de satisfaction a permis de générer un retour d'informations sur les pratiques institutionnelles et techniques du personnel, capables d'alimenter le processus en cours d'exécution, de mise en place d'une démarche d'amélioration continue de la qualité au sein du laboratoire.

2. Qualité des pratiques à l'interface des activités de médecine générale et des prestations de laboratoire

> *Bases éthiques et techniques de la prescription de l'ordonnance d'analyse de biologie médicale* [87].

Les analyses de biologie médicale sont des examens paracliniques qui concourent au diagnostic, au traitement ou à la prévention des maladies humaines, ou qui font apparaître toute autre modification de l'état physiologique [55].

L'acte de biologie médicale s'inscrit donc dans une démarche globale coordonnée par le praticien et dont les résultats vont être une donnée décisive pour le diagnostic et la prescription de soins.
La prescription d'une ordonnance ou bulletin d'analyses de biologie médicale est de ce fait un acte délicat quoi doit être réaliser de manière rigoureuse, en ce sens qu'elle met en jeu des personnages ayant des activités et attentes très différentes.

Elle touche en effet, le domaine très sensible des relations malade, médecin et biologiste dont l'efficacité des interactions, repose sur la maîtrise des fondements de la réalisation d'une analyse de biologie médicale et sur la connaissance des règles de sa prescription [88].

En pratique médicale courante, il est constaté un certain nombre d'erreurs techniques dans la prescription des bulletins d'analyses [89, 90], à l'origine d'une prise en charge inadéquate par le laboratoire, et d'un rapport coût-efficacité médiocre en terme d'économie de la santé [91].

Pour essayer d'améliorer cette situation en Côte d'Ivoire, il est important de réunir les informations et indications les plus exhaustives possibles sur les conditions d'une prescription rationnelle de l'ordonnance d'analyses de biologie médicale [90], qui pour l'essentiel relève du respect des règles de l'éthique et de la déontologie médicale.

A cet effet, la rationalisation de la prescription des analyses de biologie médicale est de nos jours une priorité absolue dans le cadre d'une politique d'économie de la santé et participe à la mise en œuvre de bonnes pratiques de délivrance des bulletins d'analyses.

Elle doit se traduire par la bonne maîtrise, par le praticien des règles de la prescription et les conditions techniques de réalisations des examens paracliniques tout en privilégiant l'approche clinique des problèmes.

Il s'agit d'un état d'esprit qui devrait dominer l'attitude de tout hospitalo-universitaire afin qu'elle imprègne en retour l'esprit des étudiants futurs praticiens, et auquel devrait s'ajouter un volonté permanente de recyclage et d'actualisation des connaissances sur les moyens d'investigations diagnostiques existants.

> *Régularité technique de la prescription de l'ordonnance d'analyse de biologie médicale* [92].

A l'instar de la prescription médicamenteuse, la prescription d'une ordonnance d'analyses de biologie médicale, est un acte majeur dans le processus de la prise en charge thérapeutique du malade par le praticien qui doit être réalisé dans le respect des règles de l'éthique et de la déontologie médicales [90].

Le bulletin d'analyse de biologie médicale est en effet, un document écrit remis au malade pour lequel le médecin prescrit un examen, les résultats attendus devant lui permettre d'asseoir son diagnostic et de conduire un traitement approprié [93, 94].

Cependant, devant traduire auprès de l'exécuteur qui est le laboratoire d'analyses, la démarche diagnostique envisagée par le médecin, les ordonnances prescrites ne comportent pas souvent toutes les informations utiles à la bonne prise en charge des spécimens biologiques par le biologiste.

L'objectif de ce travail est donc d'étudier à travers la prescription du marqueur tumoral l'alphafoeto-protéine (AFP), la qualité technique de la rédaction des bulletins d'analyses de biologie médicale remis aux patients dans les formations sanitaires universitaires, publiques et privées de la ville d'Abidjan.

Ainsi, partir de la prescription d'ordonnances d'analyses de l'alpha foeto-protéine, les auteurs ont étudié la qualité rédactionnelle de 111 bulletins d'analyses émis sur une période d'un an par certaines informations sanitaires publiques et privées de la Ville d'Abidjan, sur la base de critères de régularité technique recueillis à l'aide d'une fiche d'enquête appropriée.

Ces critères retenus de régularité technique du bulletin d'analyses au nombre de 18, et concernent en particulier :

- 4 éléments relatifs aux informations sur l'établissement sanitaire d'origine de l'ordonnance : (nom et adresse du centre de santé, nom du service demandeur de l'examen, et pose du cachet du praticien), et

- 14 éléments relatifs aux informations sur le patient : (forme du bulletin, caractéristiques de l'échantillon, conditions de prélèvement, qualification du prescripteur et les orientations diagnostiques).

Dans la littérature [88], les éléments de régularité technique d'un bulletin d'analyses peuvent être regroupés en six catégories : coordonnées de la formation sanitaire de provenance (nom, adresse), Caractéristiques du patient (nom, prénom, âge, sexe, médicaments utilisés), caractéristiques du spécimen biologique (nature, mode et heure de prélèvement), formulation de l'indication (hypothèse diagnostique), présentation du bulletin (imprimé, date de prescription) et identité du prescripteur (praticien généraliste ou spécialiste).

Cette étude révèle que les centres de santé privés produisent plus de bulletins d'analyses (54,05%) et mettent un accent particulier dans leur forme et présentation (100%), ainsi que sur la qualité de leur personnel, à l'opposé des formations sanitaires du public où environ 10% des prescripteurs sont des non-médecins, expliquant le taux d'irrégularités techniques de (14,41%) constaté sur les bulletins.

Au total, il ressort de cette étude qu'il existe une discrimination rédactionnelle de l'ordonnance d'analyses de biologie médicale, en particulier dans les établissements sanitaires publics qui va à l'encontre de l'éthique et de la déontologie médicale, et qui est préjudiciable au malade.

3. Qualité des pratiques professionnelles de laboratoire

> *Activités d'audits internes du fonctionnement des laboratoires de biologie médicale* [95]

L'audit interne ou auto évaluation du système de management de la qualité d'un laboratoire de biologie médicale est une revue complète et méthodique des activités et résultats du laboratoire, par références à un modèle d'excellence, en l'occurrence le guide de bonne exécution des analyses de laboratoires [96].

Il fournit une vision globale des performances du laboratoire et du niveau de maturité de son système d'assurance qualité, contribuant en cela à l'identification des domaines du laboratoire nécessitant des améliorations et à la détermination des priorités.

Les résultats de l'acte de biologie médicale qui constituent une donnée décisive pour le diagnostic et la prescription des soins aux malades, s'inscrivent dans une démarche globale coordonnée par le praticien hospitalier.
La qualité de ces résultats des analyses de biologie médicale, sont désormais une préoccupation constante des biologistes, qui est fonction non seulement de la qualité des analyses mais aussi de l'organisation générale du laboratoire, de la qualification et de la motivation du personnel, et du respect des procédures opératoires pendant les différentes étapes de l'exécution des examens biologiques [55].

Ainsi définie, l'analyse de biologie médicale requiert l'existence d'un système de management de la qualité qui se caractérise par l'ensemble de l'organisation, des procédures et des moyens nécessaires pour mettre en œuvre la gestion de la qualité dans le laboratoire [96].

Outil de gestion de la qualité, la mise en place d'un système qualité au laboratoire de biologie médicale, consiste donc à l'aide d'un référentiel à formaliser son mode de fonctionnement à appliquer les procédures et instructions définies, et à pouvoir justifier en interne ou en externe, le respect des règles établies [97].

Le but de cette étude est d'évaluer les niveaux d'atteinte de la mise en place du système qualité et des mesures d'hygiène et de sécurité dans deux laboratoires publics de Biochimie clinique des CHU de Cocody et de Yopougon, engagés dans une démarche assurance qualité de leurs prestations.

A cet effet, l'évaluation de la mise en place d'un système de management de la qualité et des mesures d'hygiène et de sécurité [98] dans ces laboratoires publics de Biochimie clinique à Abidjan, a permis d'identifier les différents niveaux de dysfonctionnements par rapport au référentiel qualité adopté ainsi que les principales causes de ces mauvaises pratiques de laboratoire.

L'étude des niveaux d'atteinte de la mise en place du système qualité dans deux laboratoires publics par rapport à un référentiel qualité de 103 critères tirés du GBEA, montre concernant les pratiques institutionnelles des taux moyens de conformité de 48,57% par le CHU de Cocody et 45,71% pour le CHU de Yopougon, ainsi que des taux moyens de conformité de 44,54% pour le CHU de Cocody et de 46% pour le CHU de Yopougon s'agissant des pratiques techniques.

Ainsi, le faible taux de présence de la qualité observé dans les deux laboratoires de Biochimie clinique inférieur à 50% par rapport aux 80% attendu, et dont l'une des principales causes est liée à l'insuffisance d'engagement du personnel, traduit un niveau de mise en œuvre encore très insatisfaisante de la démarche qualité.

Ce travail qui a consisté à une vérification de la conformité des pratiques professionnelles de laboratoire aux exigences de la démarche qualité, se veut un modèle à étendre dans les laboratoires de biologie médicale en Côte d'Ivoire et un élément de sensibilisation du personnel des laboratoires sur la nécessité d'améliorer leurs pratiques quotidiennes de gestion de laboratoire de biologie médicale dans le sens de l'assurance qualité.

> *Activités de contrôle externe de la qualité des résultats dans les laboratoires* [99].

Contrôle rétrospectif des résultats fournis par les laboratoires de biologie médicale, l'évaluation externe de la qualité vise à favoriser une confrontation inter-laboratoire en vue de l'amélioration de la qualité du travail de l'ensemble des laboratoires participants [100].

La finalité étant de permettre à chaque laboratoire de vérifier la valeur de ses techniques et son bon fonctionnement (objectif individuel), et d'assurer la fiabilité et le perfectionnement des analyses de biologie médicale dans l'intérêt de la santé publique (enjeu collectif et prospectif).

En effet, l'importance des analyses de biologie médicale dans l'établissement du diagnostic des maladies est devenue si grande de nos jours, qu'il est nécessaire d'obtenir une très grande sécurité et de recherche de la perfection dans la réalisation de ces examens [101, 102].

Cela passe par l'instauration dans les laboratoires, d'une démarche assurance qualité associée à un mécanisme de contrôle de qualité permanent, qui est une exigence désormais reconnue par les professionnels des laboratoires au niveau international [103,104] en particulier dans les laboratoires de Biochimie clinique.

Par ailleurs, il est connu que les résultats fournis par les laboratoires de biologie médicale peuvent montrer de nombreuses disparités [105, 106, 107], liées à des causes d'erreur multiples pouvant apparaître tout le long du processus opératoire depuis le prélèvement sur le patient jusqu'aux diverses étapes de l'analyse dans le laboratoire.

En outre, l'accroissement considérable du nombre des analyses effectuées dans les laboratoires de Biochimie clinique et la diversité des techniques de dosage proposées, constituent également un facteur en faveur du contrôle permanent de la qualité analytique.

En Côte d'Ivoire, bien que la pratique du contrôle intra- laboratoire soit présente dans la plupart des laboratoires de biologie médicale, il n'existe que peu de travaux sur l'inter- comparaison des laboratoires en raison de l'absence d'un système national d'évaluation externe de la qualité des prestations des laboratoires.

Dans cette étude préliminaire sur l'inter- comparaison des laboratoires d'analyses de biologie médicale de la ville d'Abidjan, il a été effectué une mesure de la dispersion ponctuelle des résultats d'analyses biochimiques et à l'évaluation du niveau de performance des laboratoires impliqués.

Cette étude prospective sur l'inter -comparaison des laboratoires de biologie médicale a porté sur trois paramètres biochimiques (glucose, urée et créatinine) à partir d'un sérum étalon titré, et a été réalisé sur une période de trois mois dans 11 laboratoires privés et publics volontaires de la Ville d'Abidjan.

Les résultats obtenus montrent un coefficient de variation moyen des paramètres analysés de 15,25% et une performance globale de 36,36% sur l'ensemble des laboratoires évalués, révélant ainsi l'étendue de l'imprécision et des discordances observées entre laboratoires sur des paramètres les plus couramment demandés en pratique médicale.

Il apparaît donc que ces dysfonctionnements sont révélateurs de la nécessité d'une approche vigilante de surveillance des procédures utilisées en conformité avec les règles de bonnes pratiques de laboratoire.

Ces résultats montrent après les rencontres de synthèse et consensus avec les laboratoires participants, l'urgence de la mise en place d'un réseau interprofessionnel d'inter- comparaison des laboratoires à défaut de l'existence d'un système national d'évaluation externe de la qualité des analyses de biologie médicale courante en Côte d'Ivoire.

> **Validation d'une méthode spectrofluorimétrique de dosage indirect des radicaux libres oxygénés** [108]

Le respect des règles d'assurance qualité des laboratoires oblige à procéder à la validation des techniques en préalable à leur utilisation et à le justifier [109]. Il s'agit d'un pré- requis indispensable dans le cadre de démarche d'amélioration continue de la qualité des prestations des laboratoires.

La technique validée fournis des résultats qui doivent être suffisamment fiables pour ne pas entraîner d'erreur d'interprétation dans le cadre du diagnostic, du pronostic, de la surveillance, de la prévention, du dépistage et de l'épidémiologie des maladies.

Cette opération s'effectue en deux étapes : l'évaluation des performances de la technique suivie de leur validation pour vérifier leur conformité à des normes à partir d'une situation clinique donnée [110], telle l'hyperthyroïdie.

Le stress oxydant à l'origine des désordres plus ou moins importants pouvant conduire à la mort cellulaire et au vieillissement de l'organisme lorsque les moyens de défense anti-radicalaires de l'organisme sont débordés et déficients [111].

Il est aujourd'hui l'objet de nombreux programmes de recherche visant à mieux appréhender le rôle des radicaux libres dans la physiopathologie d'un certain nombre de pathologies les plus courantes, dont les états de thyrotoxicose.

En effet, dans son fonctionnement quotidien, l'organisme produit à travers son métabolisme oxydatif des réactifs oxydants ou radicaux libres qui font partie de l'homéostasie cellulaire. A l'instar des radiations ionisantes, ces radicaux libres occasionnent des cassures dans l'ADN, dénaturent des protéines, et sont à la longue en partie responsables du vieillissement, des cancers, de l'athérosclérose et d'autres troubles dégénératifs [112].
Produits en quantité importante au cours de situations de stress oxydant qui peuvent être des processus inflammatoires ou ischémiques par activation des cellules spécialisées telles que les macrophages et les polynucléaires du sang, les radicaux libres sont très toxiques pour les cellules tout particulièrement lorsque les défenses naturelles sont défaillantes ou absentes [113,114].

Parmi les lésions biochimiques, la péroxydation des lipides membranaires est la mieux décrite [115], et est objectivée par la production de marqueurs du stress oxydant notamment le malondialdéide (MDA), les alkenals et alkanals dont une méthode de détermination spectrofluorimétrique a été élaborée par Yagi K. [116].

Ainsi dans le cadre du développement de la recherche sur les radicaux libres et ses principales barrières de défenses dans les principales affections rencontrées en Côte d'Ivoire en vue d'une amélioration de leur prise en charge médicale, cette méthode de dosage indirect des radicaux libres a été introduite depuis quelques années dans le laboratoire de Biochimie médicale du CHU de Cocody après quelques adaptations techniques.

Le but de ce travail est d'évaluer à partir des critères de contrôle de qualité [117], la qualité de la mise au point de cette méthode de dosage des radicaux libres oxygénés dans notre contexte de travail dans une perspective de son utilisation dans les prestations de routine du laboratoire.

Les résultats de l'étude des critères de contrôle de qualité ont montré que la méthode utilisée pour le dosage des produits terminaux de la lipopéroxydation (TBARS) était précise (CV ≤ 6,30%), exacte (différences non significative au test des mélange), sensible (pente S = 1,26) avec une bonne efficacité clinique, bien que la praticabilité soit encore délicate.

Ces résultats autorisent la validation de cette méthode et son utilisation en routine dans le laboratoire. Par ailleurs, pour améliorer sa praticabilité et la qualité de l'information clinique, il est suggéré l'adoption d'une technique automatisée, ainsi que son couplage avec la détermination des enzymes de la barrière anti-oxydante.

4. Qualité technique et économique des technologies médicales

> *Activités métrologiques dans les laboratoires de biologie médicale* [118]

Outil incontournable de la démarche qualité dans le laboratoire de biologie médicale comme en industrie, la métrologie consiste à l'entretien et au suivi du bon fonctionnement des instruments de mesure afin de garantir la précision des résultats [119, 120].

En effet, du fait de son rôle de prestataires de services pour les cliniciens et de son identification à l'outil central de production de l'hôpital, le plateau technique hospitalier que constitue le laboratoire et ses équipements nécessitent l'utilisation d'instruments de mesure performant dont le suivi est assuré par le développement d'une démarche qualité [121].

Avec comme objectif premier d'assurer un niveau de qualité de l'organisation hospitalière et du service rendu au patient, l'enjeu de l'assurance qualité appliquée au plateau technique est de passer d'une approche curative à une méthode préventive qui intègre la maintenance, le contrôle de qualité et la métrologie [122].

Dans le cadre de cette démarche qui tient compte du contexte actuel d'harmonisation et d'uniformisation des normes en matière d'assurance qualité dans les laboratoires [123, 124, 125], la qualité des prestations du plateau technique recherchée doit résulter avant tout, d'un consensus international et d'une confiance plus accrue en la fiabilité des mesures.

Le but de cette étude est d'évaluer la qualité de la gestion métrologique des équipements et instruments de mesure des laboratoires de Biochimie clinique des centres hospitaliers universitaires de la ville d'Abidjan dans une perspective d'amélioration continue des prestations fournies.

Dans cette optique, il a été réalisé une étude prospective été menée sous la forme d'une évaluation externe [126] du système de gestion des 135 équipements et autres instruments de mesure regroupés en 7 catégories selon leur fonction dans 39 locaux (salles, paillasses, murs, sols..) dans les laboratoires de Biochimie clinique des trois CHU de la Ville d'Abidjan,

L'appréciation de la qualité des équipements et instruments de mesure des laboratoires retenus, jugées à partir des avis du personnel et de l'observation des enquêteurs, est basée sur la conformité aux exigences du référentiel qualité des activités métrologiques élaboré à partir des normes ISO 9001 et critères internationaux de qualité métrologique [123, 125].

A l'issue de cette étude, il est noté des taux moyens de conformité de 67% pour les conditions environnementales et de 42,77% pour les équipements et instruments de mesure inappropriés par rapport à celui du seuil cible de 80% attendu du référentiel utilisé.

Ces résultats révèlent des insuffisances notoires dans la pratique des activités métrologiques primaires à même de garantir la fiabilité du produit final des laboratoires, et soulignent donc l'intérêt de la mise en place d'une stratégie efficiente de maîtrise des outils techniques de réalisation des analyses de biologie médicale dans le cadre d'une démarche assurance qualité.

> ***Etablissement des valeurs de référence et de décision clinique du dosage de la PTH*** [127],

Les valeurs de référence en biologie médicale étant des énoncés élaborés à partir d'échantillons représentatives d'individus en bonne santé, d'une exigence permettant de satisfaire la délivrance par le praticien de soins de qualité [128], un résultat d'examen de laboratoire doit pouvoir être comparé à ces valeurs de référence.

Ces valeurs de référence qui sont reportées sur les comptes rendus d'analyses, aident à la décision clinique du médecin, et facilitent l'interprétation des examens de laboratoire concernés par les professionnels de santé, les médecins prescripteurs, les biologistes et les patients eux-mêmes.

Dans la cas particulier du dosage de la parathormone (PTH) et de la vitamine D (25 OHD), des améliorations obtenues ces vingt dernières années sur les techniques de dosage, ont permis leur réalisation aisée en pratique courante dans les laboratoires d'hormonologie, et de simplifier le diagnostic des différents types d'ostéodystrophies au cours des insuffisances rénales chroniques (IRC) ainsi que des troubles du métabolisme phosphocalcique.

Cependant, il faudrait souligner que cette capacité de ces nouvelles techniques qui sont de plus en plus spécifiques, à être facilement intégrés dans les pratiques quotidiennes de tout laboratoire de biologie médicale, est conditionnée à la définition des valeurs de référence spécifiques qui sont aujourd'hui remises en cause du fait de l'émergence récente de nouveaux concepts [129,130].

En effet, la valeur seuil de référence définissant l'intervalle la normalité du dosage de la PTH obtenue avec la trousse « Allegro-Intact PTH » de la Nichols Institute (San Juan Caspistrano, Ca, USA), est aujourd'hui l'objet de controverse, en raison de l'apparition de nouveaux concepts faisant intervenir l'exclusion des patients présentant une insuffisance en vitamine D dans la définition de la population de référence utilisée pour son établissement.

Ces concepts nouveaux tiennent compte du statut en vitamine D de la population, vu que l'insuffisance en vitamine D est clairement reconnue comme étant une des raisons pouvant induire une stimulation de la PTH qui est très fréquente, en particulier pendant les mois de faible ensoleillement [131 ;132 ; 133 ; 134].

Sur la base de ces considérations, de nouvelles valeurs de référence ont été proposées par certains auteurs [135], pour la détermination de la PTH et la 25 OHD dans la perspective d'une meilleure aide à la décision clinique en pratique médicale courante dans le diagnostic et le suivi des patients présentant une hyperparathyroïdie.

En application de ces critères, nous avons trouvé dans notre étude, nouvelles valeurs de référence (10-45 pg/ml), dans une population composée de patients respectant le principe de l'exclusion systématique de taux de 25 OHD sérique < 50 nmol/ml, avec la technique Immunotech dont les résultats sont bien corrélés avec la méthode Allégro ($r = 0,984$; $p < 0,0001$).

Ainsi, il a été constaté que la limite supérieure des valeurs de référence de la PTH de 65 pg/ml mesurée avec la trousse Allegro, valeur établie chez des sujets en bonne santé mais dont le statut vitaminique D n'était pas connu, baisse et passe à 45 pg/ml.

Par ailleurs, il a été montré que la limite supérieure de la normale obtenue pour les sérums de PTH avec la méthode Allégro de dosage de la PTH de la Nichols institute, devient approximativement 30% plus bas que la limite supérieure habituellement considérée (46 pg/ml au lieu de 65 pg/ml).

Ces nouvelles valeurs de référence ont été ensuite validé [135] en montrant que leur utilisation en pratique journalière n'induisait pas un excès de faux positifs (pas plus de 3% de PTH > 46 pg/ml chez des sujets n'ayant pas de raison d'avoir une augmentation de la PTH), mais rendait le diagnostic d'hyperparathyroïdie primitive plus « confortable » (PTH plus souvent supérieure aux « normes » chez les patients ayant une HPP prouvée chirurgicalement).

Ces résultats qui montrent l'important de la qualité du critère de choix d'une population de référence dans l'établissement des valeurs de référence du dosage de la PTH en pratique clinique quotidienne, suggèrent la nécessité à travers des conférences de consensus, d'une standardisation des méthodes utilisées, dans la perspective d'une prise en charge correcte des patients.

> ➢ *Etude l'efficacité économique de la prescription d'un test diagnostic (*Alphafoeto-protéine) [136]

L'analyse coût-efficacité est une forme d'évaluation économique qui s'intéresse à la fois aux coûts et aux conséquences d'un traitement ou d'une action de santé telle un examen de biologie médicale, afin de déterminer la stratégie pour atteindre un objectif d'efficacité au moindre coût [137].

Dans le domaine de la cancérologie des affections hépatiques, les marqueurs tumoraux tels que l'Alphafoeto-protéine (AFP) ont bénéficié des progrès diagnostiques et thérapeutiques enregistrées dans les différentes spécialités médicales, qui visent à améliorer la prise en charge adéquate des patients atteints de néoplasie [138].

En effet, le dosage de l'AFP est actuellement le meilleur test d'intérêt diagnostique et pronostique des affections tumorales comme le cancer primitif du foie. Il s'agit d'une glycoprotéine qui est normalement synthétisée par le foie fœtale et qui disparaît pratiquement à la naissance (concentration inférieure ou égale à 20 ng/l dans le sérum de sujets adulte s sains) [139].

Au vu du caractère rapidement invalidant de certains états de cancer hépatique, et de l'arsenal de moyens d'investigations para -cliniques disponibles, il devient urgent et nécessaire de développer une stratégie de prescription rationnelle de ce dosage aux patients avec comme préoccupation essentielle un meilleur rapport coût- efficacité [140] en terme d'économie de la santé.

En effet, le médecin principal ordonnateur des dépenses de santé de la nation, n'a pas souvent à l'esprit que les examens paracliniques constituent une source d'excès de dépenses de santé aussi importante que les coûts des thérapeutiques prescrites au malade [90].

Le présent travail vise à évaluer à partir de la demande du dosage de l'AFP, l'efficacité économique de la prescription des analyses de biologie pour le patient en pratique médicale courante, dans le souci de proposer une stratégie rationnelle d'utilisation des examens paracliniques dans notre contexte de travail

Ainsi, à partir d'une étude transversale portant sur 111 patients suspects d'atteinte néoplasique, et a qui il a été prescrit une ordonnance de dosage de l'Alphafoeto-protéine, avons évalué l'efficacité économique de la prescription des bulletin d'analyses dans la démarche diagnostique des affections tumorales du foie.

A cet effet, les bulletins d'analyses issus de centre de santé couvrant les trois principales formes d'exercice de la médecine (universitaire, publique et privée) ont été retenus en vue de l'appréciation de la concordance clinico- biologique et du rapport Coût- efficacité des indications.

Il a été observé un taux de concordance entre les hypothèses diagnostiques et les résultats biologiques moyen de 52,25% avec un pic de 74, 28% dans les centres hospitaliers universitaires et un rapport Coût- efficacité de 1,9 lié à la présence de mauvais ratio au niveau des formations sanitaires privées (2,6) et publiques (2,4).

Ces résultats indiquent clairement qu'exception faite des centres hospitaliers universitaires, la pratique de la prescription du dosage de l'alphafoeto-protéine pour le diagnostic des atteintes néoplasique du foie à Abidjan, présente une efficacité faible en terme d'économie de la santé.

5. Amélioration de la qualité en établissement de santé

> *Conduite d'actions d'amélioration continue de la qualité des prestations fournies par les laboratoires de biologie médicale* [141]

L'amélioration continue de la qualité est une méthode qui repose sur le découpage de l'activité hospitalière en une série de «processus» qu'il convient d'analyser dans leur fonctionnement afin d'en améliorer la qualité.

Il n'existe pas de référentiel a priori et l'amélioration est basée sur une méthode participative ou chaque acteur du processus étudié contribue à définir les actions d'amélioration.

L'amélioration continue de la qualité correspond à une démarche qualité progressive incluant un management participatif. Si l'objectif premier reste la satisfaction des clients, ce type de démarche vise à introduire un changement dans l'organisation en intégrant la dynamique de l'amélioration à tous les niveaux de la structure [70].

Il s'agit d'une démarche permanente de gestion dynamique de la qualité qui passe par l'analyse des processus, le repérage et la correction des dysfonctionnements, chaque nouveau problème étant considéré comme une occasion d'amélioration l'organisation en place.

L'analyse du processus se fonde sur le fonctionnement actuel, ce qui permet de décrire l'action de chaque intervenant et de repérer qui fait quoi.

Ainsi dans le cadre de notre étude, le processus de l'approvisionnement du laboratoire en réactifs et consommables a été analysé par les outils tels que la description détaillée des éléments constitutifs, le logigramme, le diagramme des causes et effets, l'arbre fonctionnel, et l'AMDEC [142].

Ces outils d'évaluation médicale ont permis de définir les fonctions, les performances, leurs caractéristiques nécessaires pour assurer les performances du processus étudié, ainsi que de proposer des solutions le bon fonctionnement d'un système d'approvisionnement régulier du laboratoire en en réactifs et consommables.

6. Synthèse des analyses

6.1 Observation de l'étude

A la suite de cette étude qui a associé l'évaluation économique (étude coût-efficacité) et l'évaluation de la qualité des soins (structures, procédures et résultats) concernant les pratiques professionnelles de laboratoires, les constats suivants peuvent être dégagés :

> Sur le plan de l'activité des laboratoires

Les outils d'évaluations médicales appliquées à l'étude des différents aspects du fonctionnement des laboratoires, montrent plusieurs dysfonctionnements :

- **Au niveau institutionnel** : une insuffisance de la mise en place des démarches qualité, une insuffisance d'engagement des directions dans la démarche qualité avec son corollaire de dotation de moyens inappropriés,

-**Au niveau technique** : un plateau technique satisfaisant dont les performances peut faire l'objet d'amélioration au niveau des activités métrologiques, et des procédures de contrôle internes et externe de qualité,

-**Au niveau sécuritaire** : une absence de politique d'hygiène et de sécurité affichée du personnel sur les lieux de travail, une insuffisance de maîtrise des règles de bonnes pratiques de laboratoire, une méconnaissance des actions d'urgence en cas d'accident de travail et d'exposition au sang,

-**Au niveau relationnel** : un degré de satisfaction mitigé des usagers des laboratoires sur la qualité des prestations fournies, une insuffisance de la communication entre les personnels de laboratoires et les directions, et avec les services cliniques, une absence de sources de motivation du personnel,

-**Au niveau économique** : un mode de gestion économique des laboratoires surtout public inadapté avec les exigences de la qualité et de continuité des services de santé, un coût élevé des analyses de biologie médicale par rapport au pouvoir d'achat de la population, un équilibre financier précaire de la gestion dans les laboratoires publics.
> Sur le plan de l'activité médicale en interface avec les pratiques de laboratoires :

-Au des médecins prescripteurs : une insuffisance de respect des règles de la déontologie médicale, une prescription insuffisamment raisonnée des bulletins d'analyses, une méconnaissance des modalités de fonctionnement des laboratoires, une insuffisance de communication avec les biologistes,

-Au des professionnels de laboratoire : une absence de plan de carrière et de formation clairement défini, une méconnaissance des missions intrinsèques du laboratoire en matière d'évaluation des tests diagnostiques, une insuffisance de sensibilisation sur la qualité des pratiques de laboratoire,

-Au niveau de la prescription des bulletins d'analyses : une absence de maîtrise des règles de la prescription des examens de biologie médicale, un faible taux de concordance clinico-biologique des indications de demandes d'analyses, un mauvais rapport coût-efficacité de la prescription de l'ordonnance de biologie médicale,

-Au niveau des résultats d'analyses de biologie médicale : une bonne mise au point des techniques analytiques utilisées, une variabilité importante des résultats d'analyses entre les laboratoires de la ville d'Abidjan, une absence d'un système national d'évaluation externe de la qualité des résultats des laboratoires,

-Au niveau des directions des établissements de santé : une insuffisance de sensibilisation sue les notions de l'évaluation médicale et de la qualité des soins, une absence de structures dédiées à la qualité des soins (comité d'évaluation médicale, département d'information médicale, direction qualité...), une absence de politique qualité.

Ces constats révèlent une insuffisance globale de la qualité des prestations au niveau des pratiques médicale et de laboratoire, et interpellent sur l'urgence de la mise en place à l'échelle nationale d'une politique d'évaluation médicale en vue de l'optimisation des investissements réalisés dans le secteur de la santé en Côte d'Ivoire.

6.2 Enjeux de la pratique de l'évaluation médicale en Côte d'Ivoire

> Motivations des activités d'évaluation médicale

Pour certaines administrations et gestionnaires des établissements de santé qui encourage l'évaluation quantitative des soins médicaux (quantité d'activités, coût des soins, ressources nécessaires et consommées), c'est dans l'espoir qu'en rationalisant les pratiques, des économies pourraient être dégagées. Il s'agit donc d'un souci d'évaluation économique.

Pour les médecins, l'évaluation médicale doit permettre d'exposer les raisons et résultats de leurs actions, et surtout de répondre aux responsables politiques lorsque ceux-ci veulent savoir si les bénéfices apportés par les soins à la santé de la population, croissent proportionnellement à l'augmentation de leur coût.

Pour les malades, qui adopte le point de vue technique du médecin, l'évaluation devrait leurs permettre de satisfaire leur droit à l'information, et d'éclairer leur choix des prestations de soins considérées comme un objet de consommation.

On note que l'évaluation économique et l'évaluation médicale reposent sur deux logiques différentes, qui parfois se recouvrent dans les situations telles que les prescriptions abusives d'examens de laboratoires et les soins de qualité qui nécessite des investissements importants et des frais de fonctionnement non négligeables.

Cette problématique de l'évaluation dans le domaine de la santé en Côte d'ivoire est bien résumée dans la citation suivante de Wennberg JE [143] : "*Les médecins découvrent qu'ils ne peuvent pas toujours justifier leurs décisions thérapeutiques sur la base d'une évaluation scientifique de leurs résultats. Les malades s'interrogent de plus en plus sur l'efficacité et l'innocuité des traitements qu'ils reçoivent. Les décideurs constatent qu'ils ne peuvent pas justifier des dépenses médicales en termes de coût-efficacité*".

En définitive, évaluer c'est faire des choix pour des raisons économiques, pour des raisons éthiques, mais aussi pour des raisons médicales et scientifiques. En ce sens, l'évaluation constitue un formidable outil d'aide à la décision.

CHAPITRE V

RECOMMANDATIONS

5.1 Recommandations concernant l'évaluation de la qualité des soins

> **A l'intention des directions des laboratoires**

A l'issue de cette évaluation de la qualité des prestations et du fonctionnement, il est nécessaire d'adopter une nouvelle stratégie d'amélioration de la qualité qui peut être constituée des actions en six grands groupes :

1. Renforcement de l'engagement et la politique managériale de la direction dans la mise en place des actions d'amélioration :

-Adoption de projet d'établissement avec détermination des objectifs et des indicateurs de suivi,
-Responsabilisation accrue des responsables d'unités techniques avec intégration de la dimension qualité dans les projets des unités,
-Fonctionnement des Conseils de service intégrant l'animation de la démarche qualité et légitimant les référents qualité,
-Développement d'une politique d'intéressement des unités impliquées dans la démarche qualité,
-Participation du laboratoire à des programmes nationaux et internationaux d'évaluation externe de la qualité.

2. Développement de la culture qualité

-Organisation de séminaires des membres de la direction et des cadres sur le management intégrant une réflexion sur la démarche qualité
-organisation des séminaires de formation sur des thèmes concrets avec des intervenants externes,et des professionnels reconnus pour leurs expériences dans les démarches qualité,
-Organisation des journées qualité pour la valorisation du travail des différentes unités des laboratoires,
- Encouragement des échanges, les débats internes sur la démarche qualité entre professionnels, de santé à partir des pratiques existantes (Médecins et pharmaciens référents et formateurs qualité)

3. Elaboration d'un programme d'amélioration continue de la qualité

-Adoption d'un tableau de bord qualité du laboratoire,
-Détermination des axes prioritaires d'amélioration de la qualité à 3 ans
-Implication des personnels de laboratoire dans la définition des axes prioritaires de la démarche qualité, l'élaboration des recommandations, l'évaluation l'application axes prioritaires,

-Adoption de référentiel interne de la démarche qualité dans le laboratoire,
-Mise en place des indicateurs de suivi du programme d'actions prioritaires
-Organisation des audits internes et des revues périodiques de la démarche qualité

4. Animation de la démarche qualité au sein du laboratoire

-Mise en place de réunion d'échange et de coordination des référents qualité avec la cellule qualité
-Présentation des actions d'amélioration de la qualité des référents lors de réunions type forum ouvert à tout agent par unité technique
-Développement de programmes de formation qualité par les formateurs internes du laboratoire
-Evolution des formations vers des formations de type atelier d'apprentissage des outils qualité
-Développement d'actions de formation spécifique dans les domaines de l'initiation et de la mise en place d'une action d'amélioration de la qualité,

5. Gestion de la qualité

-Elaboration d'outils d'évaluation de la qualité et des indicateurs qualité pour le suivi de la mise en œuvre des actions,
-Adoption d'une stratégie de gestion des projets et des outils de management de la qualité
-Mise de procédures de maîtrise de la gestion documentaire et de leur utilisation dans les unités
-Détermination de la procédure d'intervention de la cellule qualité dans les actions d'amélioration des unités,
-Mise en place d'un système de déclaration / signalement des incidents et accidents dans les unités,
Organisation d'enquêtes de satisfaction ou de recueil de besoin des membres du personnel et des usagers du laboratoire ;
-Mise en place d'un programme de maintenance et de suivi de la gestion métrologiques des équipements et instruments de mesure

6 Communication

-Diffusion de la liste des actions d'amélioration et faire le point des actions transversales et communiquer les résultats
-Diffusion la liste de protocoles élaborés et validés, et promouvoir la recherche documentaire

-Organisation de rencontres sur les retours d'expériences en matière de mise en œuvre d'une procédure ou d'amélioration d'un processus,
-Amélioration des relations du laboratoire avec les services cliniques et les fournisseurs
-Publication des articles sur les expériences du laboratoire dans les revues hospitalière et/ou spécialisées qualité

> ### A l'intention de Directions de l'établissement de santé

-Renforcement de la collaboration entre les directions des CHU et les laboratoires
-Etablissement de contrats de maintenance effective du matériel et équipement de travail
-Organisation des inspections des laboratoires par les inspecteurs du ministère de la santé publique
-Amélioration des conditions de motivation et de travail du personnel
-Développement d'une politique de protection sanitaire du personnel
-Accroissement des allocations budgétaires des laboratoires pour leur permettre d'assurer la continuité des prestations sans rupture

> ### A l'intention des médecins prescripteurs

-Amélioration de la qualité réactionnelle des bulletins d'analyses
-Adoption d'une démarche diagnostique et thérapeutique plus rigoureuse
-Amélioration de la culture scientifique et adoption de la culture qualité
-Meilleure communication avec les professionnels des laboratoires
-Maîtrise améliorée des règles de prescription des bulletins d'analyses

> ### A l'intention du personnel de laboratoire

-Adhésion pleine à la démarche qualité du laboratoire
-Participation active aux réunions, cercles, comités qualité
-Réalisation régulièrement des contrôles de qualité internes
-Participation à la rédaction de procédures et instructions opératoires
-Observation des règles d'hygiène et de biosécurité au laboratoire
-Amélioration de la prise en charge des patients au laboratoire

> ### A l'intention des usagers du laboratoire

-Adoption d'une démarche de recherche de la qualité des soins
-Mise en place de groupements d'usagers pour le suivi des plaintes
-Meilleure connaissance de ses droits face aux établissements de santé
-Lutte pour l'adoption par les pouvoirs publics de la charte du patient

-Elaboration d'une classification des établissements de santé selon leur réputation et la qualité de leurs prestations

5.2 Recommandations générales concernant le développement de l'évaluation médicale

> ### Orientations stratégiques

La mise en place d'une politique nationale d'évaluation en santé et de promotion de la qualité des soins est aujourd'hui une nécessité impérieuse parce que répondant à des préoccupations :

-morales : parce que la médecine en devenant efficace du fait des introductions des innovations technologiques, est devenue dangereuse,

-professionnelles : parce que la complexité de la médecine est devenue telle que qu'il n'est plus possible de l'exercer sur le modèle exclusif du colloque singulier habituel,

-économiques : parce que les ressources financières ne sont pas infinies, que le contrôle des dépenses de santé devient nécessaire du fait de la compétition pour l'allocation des ressources entre les différents secteurs de l'économie.

Cela passe par la mise en place d'un cadre administratif et réglementaires appropriés par la mise en place d'organismes chargés de la promotion de l'évaluation médicale et de structure chargée de l'accréditation des établissements et des pratiques professionnelles de santé à même de soutenir les engagements institutionnels dans la démarche qualité.

> ### Mise en place de cadres administratif, réglementaire et technique appropriés

Les pouvoirs publics doivent en collaboration avec les professionnels de la santé, initier :

1. Au niveau administratif :

- la rédaction des synthèses des informations médicales scientifiques et professionnelles à partir des conférences de consensus,
- des réflexions sur l'équilibre entre qualité, coût et les procédures de la prise en charge des patients au sein des établissements hospitaliers,

- des réflexions sur les procédures d'évaluation médicale et notamment sur l'organisation d'un programme national de conférences de consensus,
- la réalisation d'un état des lieux national sur l'évaluation médicale et la qualité des soins en Côte d'ivoire,
- la mise en place d'un comité national d'évaluation médicale,
- le soutien à la mise en place d'un organisme régional d'évaluation en santé et d'accréditation des établissements de santé (CRESAQ) en cours de formalisation.

2. Au niveau réglementaire

- l'adoption de loi portant sur le code de la santé publique, qui serait le cadre de référence des interventions dans le secteur de la santé,
- l'adoption de la loi hospitalière avec explicitation du rôle de l'évaluation médicale dans la promotion de la qualité des soins,
- l'adoption de décret sur la mise en place des références médicales opposables qui ont pour objectif la réduction des pratiques inutiles et/ou dangereuses,
- l'adoption de décret sur les bonnes pratiques de réalisation des analyses de biologie médicale,
- l'adoption d'ordonnance sur la pratique de la médecine libérale avec mise en place d'un mécanisme d'incitation à l'accréditation des établissements de santé.

3. Au niveau technique :

- la création au sein des universités ses pools d'expertises nationales sous la forme d'unités d'évaluation en santé et d'assurance qualité (UESAQ),
- le renforcement des activités de formation et de recherche à travers la création d'un institut régional d'évaluation en santé et d'assurance qualité (IRESAQ),
- l'institution dans les centres hospitaliers universitaires des structures d'évaluation médicale (comité d'évaluation médicale), de collecte de l'information médicale (département d'information médicale) et de promotion de la qualité (direction qualité),
- la mise en place dans les établissements de santé de cellule qualité et de gestion des risques pour le pilotage de la démarche qualité.

5.3 Modélisation d'une unité d'évaluation en santé et d'assurance qualité (UESAQ)

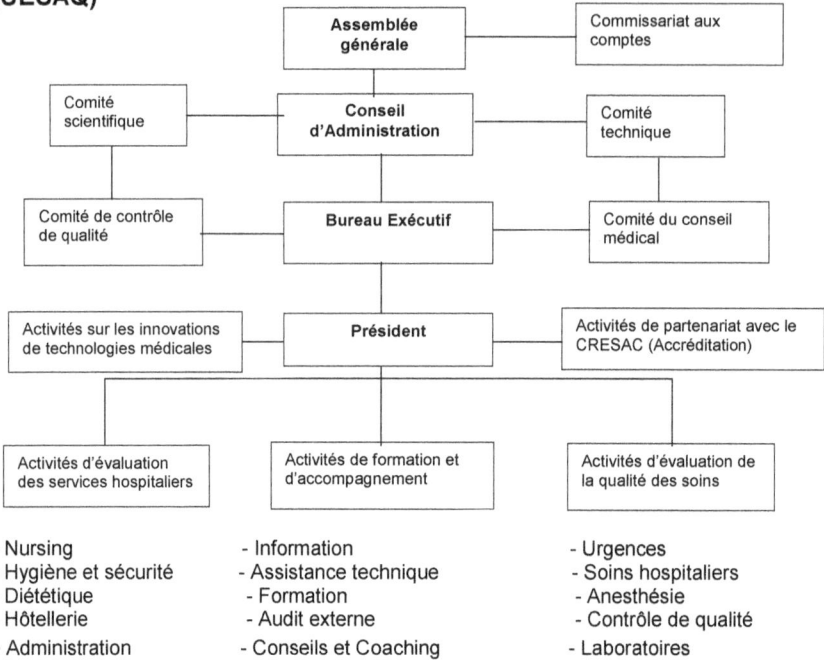

	Assemblée générale	Commissariat aux comptes
Comité scientifique	**Conseil d'Administration**	Comité technique
Comité de contrôle de qualité	**Bureau Exécutif**	Comité du conseil médical
Activités sur les innovations de technologies médicales	**Président**	Activités de partenariat avec le CRESAC (Accréditation)
Activités d'évaluation des services hospitaliers	Activités de formation et d'accompagnement	Activités d'évaluation de la qualité des soins

- Nursing	- Information	- Urgences
- Hygiène et sécurité	- Assistance technique	- Soins hospitaliers
- Diététique	- Formation	- Anesthésie
- Hôtellerie	- Audit externe	- Contrôle de qualité
- Administration	- Conseils et Coaching	- Laboratoires

Figure 23 : Schéma de l'organisation fonctionnelle d'une UESAQ en appui aux établissements et services de santé

CONCLUSION

L'utilisation des outils de l'évaluation médicale a permis de mettre en évidence des dysfonctionnements identifiés dans les principaux domaines des pratiques professionnelles de laboratoire, dont l'importance et la nature révèlent le faible niveau de réalisation du système de management de la qualité et des pratiques professionnelles en cours dans les différents laboratoires étudiés, et traduisent une fiabilité relative de la qualité des prestations fournies aux usagers.

La forte prévalence des facteurs d'ordre humain retrouvés dans les domaines du fonctionnement et des pratiques professionnelles des laboratoires évalués sur les facteurs techniques dans la détermination de ces dysfonctionnements, pose le problème de la délicatesse de la démarche qualité qui repose essentiellement sur un engagement effectif et soutenu de la direction et de l'ensemble du personnel.

En ce sens, la démarche d'amélioration continue de la qualité adoptée pour la mise en œuvre des mesures correctives dans certains laboratoires, du fait de son caractère participatif qui assure une réelle adhésion des acteurs, apparaît comme une stratégie appropriée au développement de bonnes pratiques de laboratoire de biologie santé.

Cela suppose toutefois que les directions de ces laboratoires soient convaincues du bien-fondé et du bénéfice des démarches d'évaluation médicale et de promotion de la qualité, afin de dégager du temps et des moyens, de communiquer à chaque étape, et surtout de ne se lancer dans cette démarche d'amélioration sans s'être persuadée, que celle-ci est continue et nécessitera de la persévérance.

Ces conditions paraissent difficiles à réunir dans tous les laboratoires et les établissements de santé aussi bien publics que privés, en absence d'une volonté politique affichée et incitative des pouvoirs publics en faveur de la promotion de l'évaluation médicale et la qualité des soins.

En ce sens la mise en place d'une unité d'évaluation en santé et d'assurance qualité (UESAQ) constituée par des chercheurs et professionnels de la santé, pour soutenir les actions de réflexion sur les pratiques médicales et les initiatives en amélioration de la qualité dans les établissements et services de santé, s'avère d'une contribution essentielle au développement de l'évaluation médicale en Côte d'Ivoire.

BIBLIOGRAPHIE

1. **Grel MA, Le Clanche.** Le cadre de l'évaluation médicale. In : L'évaluation médicale à l'hôpital. Éditions Breger-Levrault, 1991, 17-27.

2. **Armogathe JF.** Pour le développement de l'évaluation médicale. Rapport au ministre de la solidarité, de la santé et de la protection sociale. Paris, La documentation française, 1989, p 125.

3. **Wennberg J. E.** Better policy to promote the evaluative clinical sciences. Quality Assurance in Health Care, 1990, 2: 21-29

4. **Drummond MF, Stoddart GL. Torrance GW.** Methods for the economic evaluation of health care programmes, Oxford, Oxford University Press, 1887, p 182.

5. **Béraud C, Amouretti M.** Evaluer les activités hospitalières: une impérieuse nécessité. Journal d'Economie Médicale, 1989; 7: 147-60

6. **Russel IT., Wilson B.J.** Audit: the third clinical science? Quality in Health Care, 1992, 1: 51-55

7. **Council of Europe.** Recommendation on the development and implementation of quality miprovment systems (QIS) in health care and explanatory memorandum. European Health Committee (CDSP). 41 st meeting, Strasbourg, 24-36 June 1997. Strasbourg, Councilof Europe, 1997, p 37.

8. **Agence nationale pour le développement de l'évaluation médicale.** Les recommandations pour la pratique clinique: guide pour leur élaboration. Paris, ANDEM, 1993, p 71.

9. **Dosso M C.** Etablissement de l'état des lieux détaillé de la situation en matière d'accréditaion et la certification en Côte d'Ivoire. Rapport technique. Programme qualité Uemoa/Onudi, 2002.

10. **Scherrer F, Boisson RC, Cartier R et al.** Réflexion sur le choix des limites acceptables dans les programmes d'évaluation externe de la qualité. Annales de Biologie Clinique. Volume 65, Numéro 6, 677-84, Novembre-Décembre 2007,culture-qualité

11. **Illich D.** Némésis médicale : l'expropriation de la santé (traduit de l'anglais). Paris, Le seuil, 1976, p 183.

12. **Matillon Y, Durieux P.** L'évaluation médicale. Du concept à la pratique. 2ème édition, Flammarion, 2000, p 175.

13. **Document LAB GTA 06.** Les contrôles de la qualité analytique en biologie médicale. Révision 00 – juillet 2005. COFRAC.

14. **Donabedian A.** Explorations in quality assessment and monitoring. Vol 1: The definition of quality and approaches to its assessment. Ann Arbor, Health Administration Press, 1980, p 163.

15. Giraud A. Evaluation médicale des soins hospitaliers. Paris, Economica, 1992, p 226.

16. Ministère de affaires sociales et de l'intégration. Loi N° 91-748 du 31 juillet 1991 portant réforme hospitalière : article L 710-3.Journal officiel, 2 Août 1991 : 10225.

17. Institute of medicine. Assessing medical technologies, Washington, National Academy Press, 1985, p 573.

18. Donabedian A. A guide to medical care administration. Washington, DC, American Public Health Association, 1978, Vol. 2, p 221.

19. Arrow KJ. Uncertainly and the welfare economics of medical care. Am Econ Rev, 1963, 53: 941-973.

20. Moatti JP. Evaluation économique: un complément nécessaire de l'évaluation médicale. In L'évaluation médicale. Du concept à la pratique. 2ème Edition, Flammarion, 2000, 87-96.

21. Chabrun-Robert C. La réforme de l'hospitalisation. Concours Méd, 1996, 118 : 2743-2745.

22. Lévy-Lambert H, Guillaume H. la rationalisation des choix budgétaires. Paris, PUF, 1971, p 214.

23. Lebrun T, Sailly JC, Amouretti M. L'évaluation en matière de santé. Des concepts à la pratique. Lille, CRESGE, SOFESTEC, 12 Avril 1991, P 480.

24. Van De Velde R. Hospital information systems. Berlin, Springer-Verlag, 1992, p 472.

25. Mellière D. L'autoévaluation de la qualité des soins en chirurgie. Technique et intérêt des audits médicaux. Gestions hospitalières, n0 199, 1980, 781-785.

26. Jacoby I. The national institutes of health consensus development program. EMRC-NIH-WHO, conference on methodological issues in technology assessment, Copenhague, mai 1985.

27. Papiernik E. Conférence de consensus et évaluation des techniques et pratiques médicales. Ier colloque CNAMTS-INSERM, vol. 144, 1986, P 288.

28. Agence nationale d'accréditation et d'évaluation en santé. Les conférences de consensus: base méthodologique pour leur réalisation en France. Paris, ANAES, 1999, p 48.

29. Lomas J, AndersonG, Enkin M et all. The role of evidence in the consensus process: results from a Canadian consensus exercise. JAMA, 1988, 259: 3001-3005.

30. Institute of medicine. Clinical practice guideline. Directions for a new program (MJ Field, N Lohr, eds), Washington, National Academy Press, 1990, p 160.

31. American medical association. Attributes to guide the development of practice parameters. Chicago, American medical association, 1990, p 11.

32. Mellière D. L'audit médical. Incidence sur les résultats médicaux, les coûts, la formation des médecins. La nouvelle presse médicale, 2 février 1990, 9, n° 6, p340.

33. **Baker R, Presley P.** The practice audit plan: a hand-book of medical audit for primary care teams. Bristol, Royal College of General Practitioners, 1990, p 32.

34. **Doumenc M.** Les différentes phases de l'audit. Rev Prat MG, 1996, 347 (suppl. 1) : IV.

35. **Agence nationale pour le développement de l'évaluation médicale.** L'évaluation des pratiques professionnelles en médecine ambulatoire : l'audit médical. Paris, ANDEM, 1993, p 33.

36. **Fromentin D, Brun J, Lenglart J.** Santé et assurance qualité. Vers l'accréditation. Edition Berger-Lévrault, 1998.

37. **Donabedian A.** The quality of care; How can it be assessed? JAMA, 1988, 260: 1743-1748.

38. **Donabedian A.** Continuity and change in the quest for quality. Clin Perf Qual Health Care, 1993, 1: 9-16.

39. **Fitzpatrick R.** Survey of patient satisfactions. I: Importance general considerations. Br Med J, 1991, 302 : 887-889.

40. **Gottlieb LK, Margolis CZ, Schoenbaum SC.** Clinical practice guielines at an HMO: development and implementation in a quality improvement model. QRB, Fev 1990: 80-6.

41. **Association française de normalisation.** Gérer et assurer la qualité. 2 tomes. Paris, AFNOR, 1992, 394 et 374 p.

42. **Agence nationale pour le développement de l'évaluation médicale.** L'évaluation des pratiques professionnelles dans les établissements de santé : l'audit clinique. Paris, ANDEM, 1994, p 69.

43. **Jocou P, Lucas F.** Au cœur du changement. Une autre démarche de management : la qualité totale. Paris, Dunod, 1992, P 218.

44. **Barr DA.** The effect of organizational structure on primary care outcomes under managed care. Ann Intern Med, 1995, 122: 353-359.

45. **Graham NO.** Quality assurance in hospitals. Strategies for assessment and implementation. Rockville, Aspen publication, 1990: 95-106.

46. **Cleary PD, Edgman-Levitan S, Roberts M et all.** Patients evaluate their hospital care: a national survey. Health Affairs, 1991, 10, 254-267.

47. **Carr-Hill RA.** The measurement of patient satisfaction. J Public Health Med, 1992, 14 : 236-249.

48. **Rubin HR.** Patient evaluation of hospital care. A review of the literature. Med Care, 1990, 28 : S3-S10.

49. **Lewis JR.** Patients view on quality in general practice: literature review. Soc Sci Med, 1994, 39: 655-670.

50. **Weiss BD, SENF JF.** Patient satisfaction survey: instrument for use in health maintenance organization. Med Care, 1990, 28: 434-435.

51. **Dupuy M, Erbault M, Pultier M.** Evaluation de la qualité des soins infirmiers. In : L'évaluation médicale, du concept à la pratique. 2ème Edition, Flammarion, 2000, 121-128.

52. **Ministère de la santé.** Ordonnance n° 96-346 du 24 avril 1996 portant réforme de l'hospitalisation publique et privée. JO, 25 avril 1996.

53. **Pouchain D.** Médecine générale : concepts et pratiques. Paris, Masson, 1996 : 17.

54. **Grimshaw JM, Russell IT.** Effect of clinical guide lines on medical practice: a symmetric review of rigorous evaluations. Lancet, 1993, 342: 1317-1322.

55. **Ministère de l'emploi et de la solidarité.** Arrêté du 26 novembre 1999 relatif à la bonne exécution des analyses de biologie médicale. Paris, JO n° 287, 11 décembre 1999, p 18441-52.

56. **Norme NF EN ISO 15189.** Laboratoire d'analyses de biologie médicale. Exigences particulières   concernant la qualité la compétence. AFNOR, Ier tirage, S92-060,0ctobre 2003.

57. **Peyrin JC, François P, Clauzel ., Goullier-Fleuret A, Serre-Debeauvais F, Alibeu C.** Développement de l'assurance qualité dans les laboratoires de biologie d'un CHU. Gestion hospitalières 1998 ; 378 : 517-21.

58. **Perrin A, Duchassain D.** Evaluation du système qualité en biologie médicale. Ann Biol Clin 1998 ; 56: 497-502 ;

59. **Robert AC.** Initiation d'une démarche qualité dans les laboratoires. Le GBEA : conditions de mise en œuvre et perspectives au CHU de BREST. Mémoire ENSP, Rennes, France, 1997, 80 p.

60. **Charvet-Pratat S, Maisonneuve H.** Evaluation clinique et économique des technologies médicales. In : L'évaluation médicale, du concept à la pratique. 2ème Edition, Flammarion, 2000, 145-152.

61. **Institute of medicine.** Assessing medical technologies. Washington, National Academy Press, 1985, p 573.

62. **Tugwell P, Sitthi-Amoin C, O'connor A et al.** Technology assessment: old new and needs-based. Int J Technol Assess Health Care, 1995, II: 650-662.

63. **Agence nationale pour le développement de l'évaluation médicale.** Eléments d'évaluation pour le choix et l'emploi des différentes classes de produits de contrastes iodés hydrosolubles lors des examens tomodensitométriques et urographiques. Paris, ANDEM, 1994, p 201.

64. **Sailly JC.** Evaluation économique et prise de décision dans les investissements de haute technologie en santé. Quelques réflexions d'économistes sur le cas français. J Econ Méd, 1989, 7 (Suppl.) : 31-42.

65. Weill C. Attitudes professionnelles et diffusion de la connaissance scientifique : les conférences de consensus sont-elles susceptibles de modifier les comportements des praticiens ? Sci Soc Santé, 1990, 8 : 91-114.

66. Graham NO. Quality assurance in hospitals. Strategies for assessment and implementation.2nd ed, Rockville, Aspen publication, 1990, p 373.

67. Association française de normalisation. Gérer et assurer la qualité. Tome 1: Concepts et terminologies. Paris, AFNOR, 1992, p 394.

68. Slee VN, Slee DA. Health care reform terms. Tingra Press, 1993, p 90.

69. Dash ML. Hospital sets new standard as closure approaches: quality continuous. Quality Program, October 1995: 45-48.

70. Agence nationale pour le développement de l'évaluation médicale. Mise en place d'un programme d'amélioration de la qualité dans un établissement de santé. Principes méthodologiques. Paris, ANDEM, 1996, p 79.

71. Lagadec P, Guilhou P. La fin du risque zéro. Seuil 2002.

72. Agence nationale d'accréditation et d'évaluation enn santé. Préparer et conduire votre démarche d'accréditation. Un guide pratique. Paris : Anes, 1999. p 63.

73. Grel MA, Le Clanche. Les structures de l'évaluation médicale. In : L'évaluation médicale à l'hôpital. Editions Berger-Levrault, 1991, p 47-57.

74. Ministère de la santé. Circulaire n° 303 du 24 juillet 1989 relative à la généralisation du programme de médicalisation des systèmes d'information et à l'organisation de l'information médicale dans les hôpitaux. Bulletin officiel de la santé publique, n°89-46.

75. Ministère de la santé. Circulaire n° 325 du 12 février 1990 relative aux modalités de mise en place des structures de gestion de l'information médicale dans les établissements hospitaliers publics et privés participant au service public. Bulletin officiel de la santé publique, n°90-8.

76. Reymondon M. Réflexion sur l'évaluation de la qualité des soins et propositions pour le développement aux hospices civils de Lyon Thèse, HCL IMIG ? 1989, n hh

77. Fusneau MB. L'évaluation permanente de la qualité des soins à l'hôpital américain de Paris. Informations hospitalières, n° 17-18, avril-mai 1988, p 41.

78. Foissaud S. Suite à l'accréditation de l'établissement, quelle stratégie pour une démarche qualité intégrée et pérenne ? Université de Montréal, ENSP, Mémoire QUEOPS, 2001.

79. Boisgard-blumC, Durand-Zaleski I, Cagan C, Durieux P, Viens-Bitker C. Le CEDIT. Techniques hospitalières, 536, mai 1990, p 76.

80. Angui BS. Evaluation de la perception par les usagers de la qualité des prestations du laboratoire central du CHU de Yopougon. Mémoire BTS-EST, 2003.

81. **Pascoe GC.** Patient satisfaction in primary health care. Eval. Program. Plan. 1983, 6: 185-210.

82. **Williams B.** Patient satisfactions: a valid concept? Soc Sci Med 1994; 38:509-16.

83. **Ware JE, Jr., Snyder MK, Wright WR, Davies AR.** Defining and measuring patient satisfaction with medical care. Eval Program Plann 1983; 6:247-63

84. **Cleary PD, McNeil BJ.** Patient satisfaction as an indicator of quality care. Inquiry 1988;25: 25-36.

85. **Sitzia J, Wood N.** Patient satisfaction: a review of issues and concepts. Soc Sci Med 1997; 45:1829-43.

86. **Méité M.** Evaluation de la satisfaction des patients hospitalisés : l'exemple du service d'hospitalisation de pneumo-phtisiologie (PPH) du CHU de Cocody. Thèse de Médecine, 2001.

87. **Adéoti MF, Djessou P, Sess ED.** Maîtrise des bases éthiques et techniques de la prescription et de l'utilisation des résultats des analyses de biologie en pratique médicale courante. Revue RIOS, 2004, vol 6, 37-40.

88. **Borel J, Caron J, Charnar DDJ, Gougeon M.** Comment prescrire et interpréter un examen de Biochimie. Masson. 2ème Edit (1989), 9-28 et 817-828.

89. **Adéoti MF, Sess ED, Sawadogo D, Aké –Assi MH, Kouabena H, Dosso M.** Etude des conditions techniques de délivrance des ordonnances d'analyses de biologie médicale en Côte d'Ivoire. Afrique Biomédicale, (2000), Vol 5, n° 2, p29- 35.

90. **Mornex R.** Pour une stratégie des examens paracliniques. La nouvelle presse Médicale, (1984), 06, n°20, 1725-1728.

91. **Dosso M, Adéoti MF, Sawadogo D, Sess ED.** Réflexion sur l'impact de la non biologie en pratique médicale courante. Revue Bio-Africa, 2003, vol 1, n°1, 45-50.

92. **Adéoti MF, Soro SM, Sawadogo D, N'ko M, Sess ED.** Etude de la régularité technique de la rédaction des bulletins d'analyses de biologie médicale à Abidjan. Cahiers de santé publique, 2004, 4, 64-68.

93. **Adéoti MF, Silué A, Sawadogo D, Dosso M, Sess ED.** Réflexion sur les bonnes pratiques de la rédaction du bulletin d'analyse de biologie médicale. Immuno-Analyses spécialisée, 19, (2004), 370-373.

94. **Giraud A, Fournier V, Gerbaud L, Jolly D.** Comment rationaliser la prescription diagnostique de routine. Une expérience. La Presse médicale, 1991, 20 : 535-8.

95. **Adéoti MF, Lasm S, Dosso M, Sess ED.** Laboratoires publics de biologie médicale à Abidjan: Evaluation de la mise en place d'un système d'assurance qualité. Gestions hospitalières, n° 445, Avril 2005, 253-257.

96. **Association française de normalisation.** Norme NF en ISO 8402. Management de la qualité et assurance qualité. Vocabulaire. Paris, AFNOR, 1995, 45 p.

97. Collignon E, Wiss M. Qualité et compétitivité des entreprises. Du diagnostic aux actions de progrès. 2ᵉ Edition, Paris, Economica, 1988.

98. Adéoti MF, Lasm S, Sess ED. Etude des dysfonctionnements de mesures d'hygiène et de sécurité dans les laboratoires de biologie médicale. Immuno- analyses & Biologie spécialisée, Volume 20, Issue 3, 2005, Pages 56-61.

99. Adéoti MF, Assi KE, Djessou P, Sess ED. Variabilité et dispersion des résultats d'analyses biochimiques réalisées dans les laboratoires de biologie médicale à Abidjan. Revue Bio-Africa, vol 1, n° 1, 32-39.

100. Ministère de la santé. Décret n° 94-1049 du 2 Décembre 1994 relatif au contrôle de qualité des analyses de biologie médicale prévu par l'article L.761-14 du code de la santé publique.

101. Biserte G. Vue d'ensemble sur le contrôle de qualité des examens de laboratoire. Journées Nationales de Biologie. Lyon 1971,p 9-18.

102. Valdiguie P., de la Farge F., Solera M.L. Le contrôle de la qualité des résultats au laboratoire de Biochimie clinique. Rev. Med. Toulouse, 1973, 9, pp 829-845. Nantes, Laboratoire d'ingénierie en biologie médicale, 1994, 9 p.

103. Buttner J., Borth R., Broughton P.M.G., Bowyer R.C. Quality control in clinical chemistry. Part.4 Internal Quality control. Clin. Chem., 1980, 106, 109 F-120F.

104. Whitby L.G., Mitchell FL, Moss D. Quality control in routine clinical chemistry. Adv. Clin. Chem., 1967, 10, 65-156.

105. Bailly M., Bretaudière JP. Bilan de trois années de contrôle inter- laboratoire en Biochimie dans les hôpitaux de la région parisienne. In G. SIEST, Organisation des laboratoires, Biologie prospective, l'Expansion. Edit, Paris, 1973, pp. 515-519.

106. Sall ND, Dumont G, Phung HT, Seck I, Bailly M. Etude de la dispersion des résultats d'analyses biochimiques à Dakar : résultats préliminaires. Dakar-médical, 1992, 37, 35-42.

107. Wootton ID. Normal values for blood constituents. Inter-hospital differences. Lancet, 1953, 1, 470-471.

108. Adéoti MF. Mise au point de la méthode spectrofluorimétrique de dosage des produits terminaux de la lipoperoxydation (TBARS) : Application dans l'hyperthyroïdie. Mémoire DEA-BHT, Abidjan, 1997.

109. Vassault A, Grafmeyer D, De Graeve J, Cohen R, Beaudonnet A, Bienvenu J. Analyses de biologie médicale : Spécifications et normes d'acceptabilité à l'usage de la validation de techniques. Ann Biol Clin, 1999, vol. 57, 685-95.

110. Vassault A, Grafmeyer D, Naudin C, et al. Protocole de validation de techniques (Document B). Commission Validation de techniques de la SFBC. Ann Biol Clin 1986 ; 44 : 686-745.

111. Sess D, Carbonneau M, Thomes MJ, Dumon MF, Peuchant E, Perromat A, Lebras M, Clerc M. Premières observations sur les principaux paramètres plasmatiques du stress oxydatif chez le drépanocytaire homozygote. Bull Soc Pathol Ex, 1992, 49, 3844-48.

112. Ames BN, Shigenaga MK, Hagen TM. Oxidants, antioxidants and degenerative diseases of aging. Proc Natl Acad Sci USA, 1993; 90: 7915-22.

113. Yu BP. Cellular defences against damage from reactive oxygen species. Physiol Rev 1994; 74: 139-62.

114. Fulbert JC. Cals MJ. Les radicaux libres en biologie clinique : origine, rôle pathogène et moyens de défense. Pathol Biol 1992 ; 40, n° 1, 66-77.

115. Deby C. La Biochimie de l'oxygène. La recherche 1991 ; 22 : 56-64.

116. Yagi K. A simple fluorimetric assay for lipoperoxide in blood plasma. Biochem Med.1976, 15, 212-16.

117. Vassault A, Dumont G, Labbé D. Définitions des critères de qualité d'une méthode d'analyse. Le Moniteur Internat 1992 ; 26, 20-33.

118- Adéoti MF, Camara CM, Djessou P, Sery BB, Sess ED. Etude de la qualité de la gestion métrologique du plateau technique des laboratoires publics de Biochimie clinique à Abidjan. Immuno- analyses & Biologie spécialisée, Volume 20, Issue 1 , 2005, Pages 39-4.

119. Aupetit N., Vacher K. Les laboratoires, qualifications du matériel et implication des ingénieurs bio-médicaux. In rôle de l'ingénieur biomédical au laboratoire (Paris, France), 1999, 84 p

120. Ozeki O, Totsuichi A. Fiches de contrôle, rôle du contremaître. Les outils de la qualité, 1983, p 11-166.

121. Bielle C., Gouget B. Plateau technique et assurance qualité. Le laboratoire : un exemple de mise en place de l'assurance qualité. Technologie-Santé, 1997, 32, p 71-74.

122. Ramos de Matos A. Maintenance bio-médicale et démarche qualité. Arch. Institut Pasteur Madagascar, 1998, 64, p 91-92.

123. Monographie contrôle et essais. Maîtrise des équipements de contrôle, de mesure et d'essais. Mens., BNM, Paris, 1994, 98, p 142-155.

124. Monographie guide 38 ISO/IEC. Prescriptions générales pour l'acceptation des laboratoires d'essais. ISO/IEC Guide 38, Genève, 1983, 1ère édit., 8 p.

125. Monographie ISO/IEC 17025 NI. Prescriptions générales concernant la compétence des laboratoires d'étalonnage et d'essais. Bull. des normes internationales, Genève, 1999, p 12-15.

126. Ruffié A., Paolaggi F., Fabbri J., Simon M., Launay M. Bertrand D. Promotion d'une démarche d'amélioration continue de la qualité des prestations fournies par un service de Biochimie. Journal d'Economie médicale, 1999, T 17, n°2-3, p. 133-147.

127. 6- Adéoti M, Cormier C, Lawson- Body E, Ferret C, Herviaux P, Souberbielle JC. Evaluation d'une nouvelle trousse pour le dosage de la PTH et discussion autour des valeurs décisionnelles. Immuno- analyses & Biologie spécialisée, Volume 20, Issue 1 , 2005, Pages 56-61.

128. Agence nationale d'accréditation et d'évaluation en santé. Direction de l'accréditation. Manuel d'accréditation des établissements de santé. ANAES, Paris, février 1999.

129. Heaney R. Vitamin D: how much do we need and how much is too much? Osteoporos Int 2000 ; 11 : 553-555.

130. Souberbielle JC, Cormier C, Kindermans C, Gao P, Cantor T, Forette F, Baulieu EE. Vitamin D status and redefining serum parathyroid hormone reference range. J Clin Endocrinol Metab 2001 ; 86 : 3086-3090.

131. Chapuy MC, Preziosi P, Maamer M, Arnaud S, Galan P, Hercberg S, Meunier PJ. Prevalence of vitamin D insufficiency in an adult normal population. Osteoporos Int 1997; 7: 439-443

132. Heaney R. Vitamin D: how much do we need and how much is too much? Osteoporos Int 2000; 11: 553-555.

133. Lips P. Vitamin D deficiency and secondary hyperparathyroidism in the elderly: consequences for bone loss and fractures and therapeutic implications. Endocrine Reviews 2001; 22: 477-501.

134. Zittermann A. Vitamin D in preventive medicine: are we ignoring the evidence? British Journal of Nutrition 2003; 89: 552-572.

135. Souberbielle JC, Lawson-Body E, Hammadi B, Sarfati E, Kahan A, Cormier C. The use in clinical practice of parathyroid normative values established in vitamin D-sufficient subjects. J Clin Endocrinol Metab 2003 ; 88 : 3501-3504.

136. Adéoti MF, Soro SM, Djessou P, Camara CM, Monde A, Sess ED. Efficacité technique et économique de la proscription de l'alpha-fœtoprotéine dans le diagnostic des affections tumorales du rôle dans les établissements sanitaires à Abidjan. Afrique Biomédicale, (2004), Vol 9, n° 16, p19- 24.

137. Udvarhelyi IS, Colditz GA, Rai A, Epstein AM. Cost-effectiveness and cost-benefit analyses in the medical litterature. Are the methods being used correctly? Ann Intern Med, 1991, 324: 1362-1365.

138. Gisselbrecht C, Calvo F. Marqueurs tumoraux. Encycl Med Chirur. Cancérologie (Paris), 50055 A 7012. 6

139. Franchimont P, Zougerle PF, DE BRUCHE ML et al. Dosage radio -immunologique de l'alphafoeto-protéine dans différentes conditions normales et pathologiques. Ann. Biol. Clin, 1975, 139-148.

140. Novich M, Gillis L, Tauber Al. The laboratory test justified: An effective means to reduce routine laboratory testing. Proc. UK NEQAS Meeting. 1988, 140-145.

141. Adéoti MF. Démarche d'amélioration continue de la qualité des prestations : audit interne du fonctionnement du laboratoire central du CHU de Yopougon. Mémoire DIU, 2004, Paris.

142. Adéotil MF, Vassault A, Diafouka F, Faye-Ketté H, Dosso M, Sess ED. Conduite d'une démarche d'amélioration continue de la qualité des prestations d'un laboratoire de biologie médicale. Presse Médicale, Août (2005). A paraître.

143. Wennberg JE. Better policy to promote the evaluative clinical sciences. Quality Assurance in Health Care, 1990, 2: 21-29.

144. Ricos C, Alvarez V, Cava F et al. Current databases on biological variation: pros, cons and progress. Scand J Clin Lab Invest; 1999, 59 : 491-500.

RESUME

RESUME

Seule méthode qui permette à la fois d'assurer l'amélioration de la qualité des soins et de garantir une allocation optimale des ressources, l'évaluation médicale a pour objectif principal de mesurer les résultats de l'action médicale et administrative au niveau des établissements de santé.

Ainsi bien qu'elle fasse l'objet de nombreuses mesures d'incitations et de recommandations au niveau international, l'évaluation médicale reste encore insuffisamment développée en Afrique, et plus particulièrement en Côte d'Ivoire.

Dans le but de contribuer à combler ce retard, cette étude a testé l'applicabilité d'outils méthodologiques dans cinq domaines principaux de l'évaluation en rapport avec l'activités des laboratoires d'analyses (Etude de la satisfaction des patients, Qualité de la prescription en médecine générale, Qualité des pratiques professionnelles de laboratoire, Qualité technique et économique des technologies médicales, et Amélioration de la qualité en établissement de santé)

Les résultats obtenus explicitent les méthodes qualitatives et quantitatives à mettre en œuvre et les outils correspondants (enquêtes, audits internes, conférences de consensus, critères de contrôle de qualité, inter- comparaison des laboratoires, validation analytique et clinique d'une technique, supports de management de la qualité, qualité métrologique et évaluation économique).

Ils montrent également comment il est possible d'utiliser l'évaluation médicale comme un moyen objectif de mise en évidence des écarts de variations des pratiques médicales et des dysfonctionnements dans le fonctionnement des laboratoires, et surtout une aide à la décision pour trancher dans l'hétérogénéité des situations dans les établissements de santé, et ainsi appliquer les techniques les plus appropriées.

Par ailleurs, dans le contexte actuel de compétition dans l'allocation des ressources budgétaires au détriment de la qualité, ces résultats suggèrent enfin l'adoption d'une politique nationale de promotion de l'évaluation médicale, ainsi que la nécessité de sensibiliser le corps médical sur la pratique de l'évaluation médicale pour mieux justifier de ses besoins en technologies, à travers la mise en place de structures appropriées (unité d'évaluation en santé et d'assurance qualité).

Mots-clés : Evaluation médicale, qualité des soins, laboratoires de biologie médicale, outils de l'évaluation, outils de la qualité.

SUMMARY

Only method which allows at the same moment to assure the improvement of the quality of the care and to guarantee an optimal allowance of the resources, the medical evaluation has for objective to measure the results of the medical and administrative actions at the level of the establishments of health.

Although it was the object of numerous measures of incitements and of recommendations at the international level, the medical evaluation remains still insufficiently developed in Africa, and more particularly in the in Côte d'Ivoire.

With the aim of contributing to fill this delay, this study tested the applicability of methodological tools in five main domains of the evaluation in touch with activities of analysis laboratories (Study of the satisfaction of the patients, Quality of the prescription in general medicine, Quality of the professional practices of laboratory, technical and economic Quality of the medical technologies, and Improvement of the quality in establishment of health).

The obtained results clarify the qualitative and quantitative methods to be implemented and the corresponding tools (inquiries, internal audits, consensus conferences, criteria of quality control, inter-comparison of laboratories, analytical and clinical validation of a technique, and supports of management of the quality, quality metrology and economic evaluation).

They also show how it is possible to use the medical evaluation as an average objective of revealing of the distances from variations of the medical practices and the dysfunctions in the functioning of laboratories, and especially a help to the decision to cut in the heterogeneousness of the situations in the establishments of health, and so apply the most appropriate techniques.

Desides In the current context of competition in the allowance of the budgetary resources to the detriment of the quality, these results suggest finally, the adoption of a national policy of promotion of the medical evaluation, as well as the necessity of making sensitive the medical profession on the practice of the medical evaluation to prove better its technical needs, through the implementation of an appropriate structure unit of evaluation in health and quality assurance).

Keywords: Medical Evaluation, quality of the care, the laboratories of medical biology, tools of the evaluation, tools of the quality.

www.ingramcontent.com/pod-product-compliance
Lightning Source LLC
Chambersburg PA
CBHW021047210326
41598CB00016B/1119